高情商生长

EMOTIONAL
INTELLIGENCE

杨文宇◎著

中国出版集团 现代出版社

图书在版编目（CIP）数据

高情商生长 / 杨文宇著. —北京：现代出版社，2018.4

ISBN 978-7-5143-6896-3

Ⅰ. ①高… Ⅱ. ①杨… Ⅲ. ①情商－能力培养－青少年读物 Ⅳ. ① B842.6-49

中国版本图书馆 CIP 数据核字（2018）第 049823 号

高情商生长

著　者 杨文宇
责任编辑 赵海燕
出版发行 现代出版社
通信地址 北京市安定门外安华里 504 号
邮政编码 100011
电　话 010-64267325 64245264（传真）
网　址 www.1980xd.com
电子邮箱 xiandai@vip.sina.com
印　刷 吉林省吉广国际广告股份有限公司
开　本 880×1230 1/32
字　数 149 千字
印　张 9
版　次 2018 年 7 月第 1 版 2018 年 12 月第 2 次印刷
书　号 ISBN 978-7-5143-6896-3
定　价 42.00 元

/ 写在前面 /

智商决定你的成绩
情商决定你的成就
品格决定你的成败

剑桥大学始创于1209年，是英语世界里第二古老的大学。剑桥大学在众多国际排名里一直名列前茅。

剑桥大学将“此乃启蒙之所，智识之源”作为校训，如今的剑桥已结出累累硕果。它迄今已培养了13位英国首相，9位坎特伯雷大主教，还是目前世界上培养诺贝尔奖获得者最多的学府，因为“出产”了近百位诺贝尔奖获得者，这里被称为“诺贝尔奖获得者的摇篮”。

不仅如此，剑桥大学还培养出不计其数的科学家、政治家、哲学家、经济学家、文学家。每一个人的名字都如雷贯耳，他们所取得成就让世人为之惊叹。

他们，都来自剑桥：牛顿、达尔文、拜伦、培根、罗素、卢瑟福、凯恩斯、霍金、弥尔顿，伦敦交易所创办人托马斯·格雷沙姆，以及美国哈佛大学捐赠人约翰·哈佛……

剑桥大学从来就不是一所教你如何成功的大学，而是教会你成长的地方。在英国这个崇尚绅士风度和贵族精神的国度，剑桥大学从建校那一天起，便始终关注学生的精神和人格的塑造，这既是它拥有无数荣誉的保证，也是它打造无数高情商天才的秘诀。

著名哲学家罗素曾说：“我在母校剑桥得到的唯一具有真正价值的

思维习惯是智力上的真诚。”徐志摩在剑桥游学期间也曾满怀深情地写道：“我的眼是康桥教我睁的，我的求知欲是康桥给我拨动的，我的自我意识是康桥给我胚胎的。”

这就是剑桥，一个教人成长的地方！

剑桥大学心理学专家的研究表明，一个人未来是否成功 20% 取决于智商的高低，80% 取决于情商的高低。

情商即“情绪智力”，全称是“情绪智力商数”。它是衡量一个人情绪智力水平高低的一项指标。情绪智力是相对于智力而言的，如果说智商更多地被用来预测一个人的认知能力和学业成就，那么情商是指一个人的感受、理解、控制、运用和表达自己以及他人情感能力的总和。智商代表了人的一般智力水平，智商的高低反映着智力水平的高低；情商则代表了人的情绪智力水平，情商的高低反映着情绪品质的差异。

总的来说，智商高、情商也高的人，事事顺利；智商不高、情商高的人，常有好运；智商高、情商不高的人，闷闷不乐；智商不高、情商也不高的人，一事无成。

对于人们而言，情商的重大意义，体现在以下五个方面。

1. 情商可以促进智商的发展和个人能力的发展。

情商和智商虽然都与遗传因素、环境因素有关，但是，它们与遗传、环境因素的关系是有所区别的。智商与遗传因素的关系远大于社会环境因素，情商主要是靠后天环境培养的。一个人情商提升的过程中，智商也会同时得到发展。

情商的作用是无法用尺子去量、用天平去称的，它是一种软实力，有无形却巨大的力量。

如果将实力比喻成看得见的电脑硬件，那么软实力就是电脑软件；如果将实力比喻成骨头，那么软实力就是经脉；如果将实力比喻成看得见的肉体，那么软实力就是灵魂。

2. 情商能有效地提高生活的质量。

情商涵盖了自知、自控、热情、坚持、社交技巧等品质，构成了我们通常所说的生活智慧，它反映了一个人的社会适应性。

情商高的人能从正面思考问题，悦纳自己、相信自己，这就是一个高情商的人的品质。剑桥大学研究表明，高情商的人通常对生活较满意，并能以积极的态度看待人生。

3. 情商能够有效补充智商的不足，并放大智商的效果。

剑桥大学研究已经证实，情商是人生成败的关键性因素，智商只有与情商联袂登台，智商才能得到淋漓尽致的发挥。智商是用来认识世界，运用知识改造世界的，是发展的前提和基础。但智商有一个致命的弱点，就是易受人的情绪和心态左右。这就决定了它永远不能独立承担起成功的大任。情商是人们掌控自己心灵，理解支配他人情绪的一种能力。情商像一个成熟又热情的人，不但自己圆满完成助人进步的使命，而且还常常化身为兴趣、意志和毅力，对智商的工作发挥辅助，甚至是加倍作用。

4. 高情商能增加人生的弹性，能做许多高智商的人无法做到的事。

情商能够增加人生的弹性。要想进入一扇门，就须低头比门框矮；要想登上成功的顶峰，就得弯腰做好攀登的准备。行事能低头，事情会更顺畅。放下身段才能与人和平相处。

80% 的人见了困难就躲避，终究是一事无成；15% 的人见了困难能迎难而上，最终是成功者；而剩下的5%，是打着灯笼找困难的人，这种超高情商的人将成为登峰造极的伟大人物。

对人们而言，高情商拥有着高智商不可替代的作用。现在很多人迷茫、颓废、堕落等现象，都是情商低的表现。具体来说，迷茫和颓废就像是人体的两个肿瘤，前者是良性的，后者是恶性的，再多的财富也无济于事，再高的智商也消除不了，唯有正确的人生观与较高的情商，才能鼓舞他们走上积极的人生路。这时最能体现高情商的效用。

5. 品格决定成败。

最后要强调的是品格。对于人们而言，没有品格，教育只完成了一半。人，如果只有智能是不够的，智能加上品格才是真正的教育。

在注重智力开发的今天，当父母热衷于将孩子们送进各种各样的启智班、培优班的时候，品格教育似乎被我们所忽视了，而剑桥却将品格培养摆在了极为重要的位置。

本书就是对剑桥精神的演绎，它让流传百年的剑桥精神变得更具体，更实用，能真正地渗透到人们当前的学习和生活中去。让自己成为一个富于幽默与理智情感的人，让自己的生活成为一种践行仁慈与友爱的生活。与此同时，本书还强调家庭共同参与的重要性。

家庭才是孩子的重点学校，父母是孩子最重要的老师，“身教”重于“言传”。把孩子培养成善良、正直、诚实、勇于承担责任的人，让他们独立、自信、具备合作意识，拥有积极正确的生活目标、价值观、人际关系及面对挫折的能力，让孩子在学习中成长，在选择中积累经验，这是为人父母的责任，也是本书的重要目的。

/ 目录 /

第一堂课 / 认识自己

只有了解最真实的自己，才能做最好的自己

第二堂课 / 情绪控制

让情绪为己所用，你会因此大放异彩

第三堂课 / 自我激励
轻松应对挫折，让自己变成超人

第四堂课 / 情绪识别
读懂他人情绪的含义，听懂潜台词

第五堂课 / 人际交往
你可以比你想象的更受欢迎

第六堂课 / 团队精神
一滴水只有在大海里，才不会干涸

第七堂课 / 领袖气质

一种在未登顶之前就有的一览众山小的魄力

第八堂课 / 习惯养成

好习惯终身受益，坏习惯终身受累

第九堂课 / 绅士素养
有素养意味着你是一个人格上的成功者

第十堂课 / 独立精神
人生最大的悲剧在于不知道自己是谁

第十一堂课 / 人文情怀
让自己成长为内心幸福、永无绝境的人

第十二堂课 / 贵族品行
品格与修养决定成败

第一堂课

认识自己

只有了解最真实的自己，
才能做最好的自己

/ 第 1 节 /

认识你自己，做自己内心的旁观者

剑桥箴言

聪明的人只要能认识自己，便什么都不会失去。

在古希腊的阿波罗神殿大门上，写着一句闻名遐迩的箴言："认识你自己"。可见，认识自己是何等的重要。

认识自我不是一件一蹴而就的事，是需要不断探询和反思的。可以说，一个人的成长过程就是一个不断自我认识的过程，因为人只有达到了自己的正确认识才能做出正确的判断和适当的选择，才能不失时机地把握机会，正确制定自己的奋斗目标，并保持持久的信心和耐力。

事实上，每个人都有巨大的潜能，每个人都有自己独特的个性和长处，每个人都可以选择自己的目标，并通过不懈的努力去争取属于自己的成功。认识自我，是我们每个人自信的基础与依据。即使你处境不利，遇事不顺，但只要你赖以自信的巨大潜能和独特个性及优势依然存在，你就可以坚信：我能行，我能成功。

一谈到牛顿，人们可能认为他小时候一定是个"神童""天才"，有着非凡的智力，其实不然。牛顿童年身体瘦弱，头脑并不聪明。在家乡读书的时候，在班里的学习成绩属于次等，因此经常受到歧视。

当时，封建社会的英国等级制度很严重，中小学里学习好的学生，往往歧视学习差的同学。有一次课间游戏，大家正玩得兴高采烈的时候，一个学习好的学生借故踢了牛顿一脚，并骂他笨蛋。牛顿的心灵受到了极大的刺激，他愤怒极了。他想，我俩都是学生，我为什么受他的欺侮？我一定要超过他！从此，牛顿下定决心，发愤读书。他早起晚睡，抓紧分秒、勤学勤思。过了不久，牛顿的学习成绩不断提高，超过了曾欺侮过他的同学，名列前茅。

这个故事也说明了，自认为“能超过他”拥有一股神奇的力量。

虽然认识自我不是一件容易的事情，但是人们完全有能力正确地认识自我。认识自我需要一个很长的过程，因为人的成长是一个过程，而自我意识的发展和完善也同样是一个过程。到了青年时代，人们开始走向独立生活，自我中心也逐渐被打破，开始认识到自己和他人的区别，了解到世界上还有很多的事情是自己左右不了的。青年时代是人们正确认识自我的关键时期，但由于各种原因，又常常表现出某些偏见，这都说明了认识自我是一个过程。

一个人在自己的生活经历中，在自己所处的社会境遇中，能否真正认识自我、肯定自我，如何塑造自我形象，如何把握自我发展，如何抉择积极或消极的自我认识，将在很大程度上影响或决定一个人的前程与命运。换句话说，你可能渺小而平庸，也可能美好而杰出，这在很大程度上取决于你的自我意识究竟如何。请记住，认识自我，你就是一座金矿，你就一定能够在自己的人生中展示出应有的风采。

来自剑桥的情商秘密

认识自己是一个长期的过程，需要不断的思考和更新方法。你可以尝试这样做：

1. 孤独地面对自己。也就是说给自己一个孤独的空间和时间，对自己的言行、思想、学习状况进行深刻的自我反思，清醒地分析自己的优劣状况，自我调节和控制自己的状况，使自己能较好地向自己的目标奋进，克服不足，发挥优势，实现目标。

2. 试着改变某些影响自己实现目标的不良习惯，耐心细心地注意学习生活中的每个细节，积累好的学习习惯，注重生活中合理正确地安排控制和使用时间，提高学习效率，争取在学业上的突破，使目标的实现更快捷。

3. 不过分压抑自己，这样使自己的个性有一个良好的展示空间和机会，使自己的不良个性能够得到抑制，使自己的爆发力、冲刺机会更多。

4. 与自己的内心“对话”。这种对话是在内心深处的争斗，是正与邪的相互抗争，也是自己思想斗争的根本形式，通过“对话”分辨是非，实现个人完善和学业进步。

5. 通过别人充分了解自己。“旁观者清”，通过他人的眼神、语言和态度了解自己言行的对错和自己的社会处境，从而调整自己的行为表现，以此来完善自我，达到目标。

剑桥考考你

▼

这个心理测试是由剑桥大学拟制的一套经典心理测试题蓝本（有修改），目前已被许多著名大公司作为对员工心理测试的重要辅助试卷。试着测试一下，认识一个也许你不知道的自己！

注意：每题只能选择一个答案，应该选你第一印象的答案，把相应答案的分值加在一起即为你的得分。最后有一个分值分析，供你参考。

1. 你更喜欢吃哪种水果？

A. 草莓 2 分　B. 苹果 3 分　C. 西瓜 5 分

D. 菠萝 10 分　E. 橘子 15 分

2. 你平时休闲经常去的地方？

A. 郊外 2 分　B. 电影院 3 分　C. 公园 5 分

D. 商场 10 分　E. 酒吧 15 分　F. 练歌房 20 分

3. 你认为容易吸引你的人是？

A. 有才气的人 2 分　B. 依赖你的人 3 分　C. 优雅的人 5 分

D. 善良的人 10 分　E. 性情豪放的人 15 分

4. 如果你可以成为一种动物，你希望自己是哪种？

A. 猫 2 分　B. 马 3 分　C. 大象 5 分

D. 猴子 10 分　E. 狗 15 分　F. 狮子 20 分

5. 天气很热，你更愿意选择什么方式解暑？

A. 游泳 5 分　B. 喝冷饮 10 分　C. 开空调 15 分

6. 你喜欢看哪类电影、电视剧？

A. 悬疑推理类 2 分　B. 童话神话类 3 分　C. 自然科学类 5 分

D. 伦理道德类 10 分　E. 战争枪战类 15 分

7. 以下哪个是你身边必带的物品？

A. 打火机 2 分　B. 口红 2 分　C. 记事本 3 分

D. 纸巾 5 分　E. 手机 10 分

8. 以下颜色你更喜欢哪种？

A. 紫 2 分　B. 黑 3 分　C. 蓝 5 分

D. 白 8 分　E. 黄 12 分　F. 红 15 分

9. 如果你拥有一座别墅，你认为它应当建在哪里？

A. 湖边 2 分　B. 草原 3 分　C. 海边 5 分

D. 森林 10 分　E. 城中区 15 分

10. 你更喜欢以下哪种天气现象？

A. 雪 2 分　B. 风 3 分　C. 雨 5 分

D. 雾 10 分　E. 雷电 15 分

测试说明：

130 分以上。意志力强，头脑冷静，有较强的领导欲，不达目的不罢休。外表和善，内心自傲，对有利于自己的人际关系比较看重，有时得理不饶人，不轻易认输。

100—129 分。聪明，性格活泼，人缘好，善于交朋友。事业心强，渴望成功。思维较理性。

76—99 分。爱幻想，思维较感性，以是否与自己投缘为标准来选择朋友。性格显得较孤傲，事业心较强，喜欢有创造性的工作，不善于妥协。

50—75 分。好奇心强，喜欢冒险，人缘较好。事业心一般，对待工作随遇而安，善于妥协。善于发现有趣的事情，但耐心较差，敢于冒险，但有时较胆小。

26—49 分。性情温良，重友谊，性格踏实稳重。事业心一般，对本职工作能认真对待，但对自己专业以外事物没有太大兴趣，喜欢有规律的工作和生活，不喜欢冒险。

25 分以下。散漫，爱玩，富于幻想。聪明机灵，待人热情，爱交朋友，但对朋友没有严格的选择标准。事业心较差，更善于享受生活，意志力和耐心都较差。

/ 第 2 节 /

发现自己的亮点，祛除“自卑”的暗影

剑桥箴言

上帝从不偏心，我们都是用同样的黏土做成的，人人都不完美，但人人都有优点。

美学大师罗丹说:“生活中并不是缺少美，而是缺乏发现美的眼睛。”同样，我们每一个人身上并不缺少亮点，往往缺乏发现自己亮点的眼睛。

有一个青年，理想非常远大，来到巴黎准备先找一份工作，然后创出一番自己的事业。青年父亲的朋友也在巴黎，所以青年先找到了他。“数学精通吗？”父亲的朋友问他。青年摇摇头。“那么历史和地理怎么样？”青年还是摇摇头。“法律总该懂一些吧？”青年低下了头不说话了，他忽然发现自己一点儿优点和长处都找不出来，如何做出伟大的成就。“那你先把住址写下来吧，如果有合适你的工作我就去通知你。”青年垂头丧气地写下了自己的住址，转身要走。然而这时，父亲的朋友一下把他拉住了，微笑着对他说:“你的名字写得很漂亮嘛，这就是你的优点啊，你不该只满足找一份糊口的工作。”这个青年一下子找回了激情与希望，重新振作起来。

几年以后，这个青年果然在文字方面创造了巨大的辉煌，写出了享誉世界的经典作品。他就是家喻户晓的法国 18 世纪著名作家大仲马。

一个人的理想和野心时常被自卑所阻碍，从而渐渐地失去了曾经的壮志凌云。然而事实上，每个人都有自己的优点和长处，只不过有时候我们没有发现它罢了。把自己看作是一个蕴藏着巨大财富的金矿，只要肯挖掘，付出努力，梦想就一定能实现。

发现自己的亮点，就能理性确立人生的路径和目标。早年在剑桥文学院被戏称为低能儿的奥托·瓦拉赫，在心灰意懒之际发现了自己一丝不苟、严谨缜密的亮点，于是在自然科学研究道路上扬长避短，终获诺贝尔奖。发现自己的亮点，成就了他丑小鸭变白天鹅的经典美谈。

发现自己的亮点，需要换个角度看问题。当我们总是抱怨自身与外界条件的不足而使事业陷于僵局时，往往是因为自己背对着亮点的光芒而惆怅于自身斑驳的影子。殊不知，转换角度便会发现亮点的璀璨。法国作家博迪在风华正茂之际，横遭飞祸，全身瘫痪，但于病魔的折磨下，仍感恩于苦难的历练，燃起创作的热情，用仅能眨动的左眼完成享誉西方文坛的《潜水衣与蝴蝶》。

发现自己的亮点，推己及人，若人人都能善于发现自己和他人的亮点，带着积极与感恩的心态生活，社会必将更加和谐。

发现自己的亮点，让我们时时感叹于生活的美好，总能发现问题积极的一面，用自信和勇气踏平坎坷，迎来人生的艳阳天。

来自剑桥的情商秘密

如何找到自身的亮点呢？你可以这样做。

第一步，寻找生活中的线索。

1. 不假思索的反应能力：没有经过训练，在某些方面却能力出众。

2. 学习能力：从小到大读书，同班同学都是接受同样的课程与教育，但对不同科目大家的学习能力有所不同，导致学习成绩也会相差很大。

3. 待人处事的能力：你比别人拥有更多的朋友，或者你是很多人的倾诉对象等。

第二步，尝试有一定难度的工作与活动，寻找自己的潜力，因为大部分人只发挥了所拥有的 5%—10% 的能力。

第三步，能力倾向测验。

能力测验一般分为两类：一类是测以先天具备为主的能力，即我们通常说的智力测验，主要是测能力分类中的第一类能力，即认知能力；另外一类是管理能力以及与具体职业相关的能力，它们可能综合了认知能力、社交能力、操纵能力，其中有先天的部分，但很多是后天可以培养的能力。

第四步，回顾、描述自己能做的事情，归纳相应的能力。

第五步，通过朋友、家人来告诉自己的优点所在。

剑桥考考你

▼

你想知道自己的优点有哪些吗？你可以尝试回答以下几个问题：

1. 我已经取得了哪些显著的成绩？是什么能力使我获得了这些成绩？

2. 别人认为我什么方面最出色？

3. 我自己最拿手的事是什么？

4. 详细描述做过的最得意的三件事：事情的概况？要完成什么任务或目标？你采取了什么解决办法？最后的结果是什么？在这件事中，体现了你的什么能力？

/ 第 3 节 /

重视自我意识，不要跌倒在自己的优势上

剑桥箴言

没有自知之明的人，往往是闹笑话最多的那个。

意识的重视，就是要重视事情的各个方面，每一个方面，每一个细节；不要因为它影响小，就轻视它，不要因为它简单，就轻视它，不要因为它从来没发生过问题，就轻视它；意识上不能有一点疏漏，哪里有疏漏，哪里就有可能被"病毒"侵入。所以，我们在生活和工作，都需要认真对待每一件事，重视每一个细节。可以做不到，但不能意识不到。

剑桥大学心理学家安瑞博士对他的学生们讲过这样一则故事：

三个旅行者同时住进了一个旅行社。早上出门时，一个旅行者带了伞，另一个旅行者带了一个拐杖，第三个旅行者什么也没有拿。

晚上回来的时候，拿伞的旅行者淋得浑身是水，拿拐杖的旅行者跌得浑身是伤，而第三个旅行者却安然无恙。拿伞的旅行者说："当大雨来的时候，我因为有了伞，就大胆地在雨中走，却不知怎么淋湿了，当我走在泥泞路上的时候，我因为没有拐杖，所以走得非常仔细，专拣平坦的地方走，所以就没有摔伤。"

拿拐杖的说："当大雨来临的时候，我因为没有带雨伞，便拣能躲

雨的地方走，所以没有淋湿。当我走在泥泞路上的时候，我便用拐杖拄着走，却不知因为什么常常跌倒。”

第三个旅行者听后，笑道：“当大雨来临时，我躲着走，当路不好时，我小心走，所以我没有淋湿，也没有跌倒。你们的失误在于你们有凭借的优势，认为有优势便少忧患。”

安瑞博士说：“许多时候，我们不是跌倒在自己缺陷上，而是跌倒在自己的优势上。”

为什么呢？因为人是具有“意识”的人，很多时候，我们的选择，采取的行动,都是根据意识进行的。虽然一个人的能力不会随着“意识”而变大和变小，但“意识”能创造人能力发挥的最佳的条件，能从我们自身条件出发，创造出一个最理想的发挥能力的环境，所以说，“意识”也决定了你的能力。

当你的意识上重视时，你解决问题的能力就会发挥较强，你意识上轻视的时候，你处理问题的能力就可能会疏漏某些条件，而发挥不佳。因此，也便出现了上面三个旅行者，在下雨天不同的遭遇结果。

意识不仅仅是忧患意识，也是一种周全思考的表现，同时还是一种性格的体现。意识到某一个纰漏，你才能纠正它，继而实现目标，不能实现目标的个人能力是不会被社会接受的。年轻的你凭借着激情而活着，但切记不能忽视了“意识”。

来自剑桥的情商秘密

安瑞博士认为，意识是人对于自己以及自己和周围事物关系的一种认识，它是对自己的认识、态度、行为的调节的综合性表现。如何提升自己的意识呢？安瑞博士建议你这样做：

1. 多思考，尤其是独处时的思考。思考自己在一个团队、一个群体中所处的地位，以及应该肩负的责任等。

2. 多倾听，倾听别人的对自己评价。不要过分自信，也无须过分自卑，从别人的评价中，认识真正的自己。

3. 多反省。对于出现的问题，要善于总结，以免再犯错误；对于已经出现的状况，要善于分析，从中吸取教训和经验。

4. 多比较。所有的好坏都是相对而言的，只有多与人、与事比较差异，才能更准确地知道自身的优缺点。

5. 多记录。用文字或者图片的形式，提醒自己曾经犯过的错误，或者将要实现的目标所需的步骤等。

剑桥考考你

▼

意识是一种危机感，更是一种对自身能力清晰认知的能力。你是一个有意识的人吗？尝试回答以下几个问题：

1. 野外郊游前，你会提前考虑到需要携带的物品，以及郊游可能遇到的问题吗？

2. 对于排名前三的人，你有想过赶超他们吗？

3. 在得到家人同意的前提下，组织一次家庭聚会，看看自己的组织协调能力有多强，并在结束后做一份总结。

/ 第 4 节 /

给自己留点独处的空间，与真实的自己谈谈

剑桥箴言

对于不懂得独处的人而言，闲暇是一种死亡，是活着的坟墓。

独处不是回避，而是一种信念的坚持；独处不是自我封闭，而是一种面对自我的思索。一个内心饱受过去与未来摧残的人，即使生活在富裕的环境中，也不会快乐。

有着“计算机科学之父”之称的艾伦·图灵是剑桥大学国王学院毕业的高才生，这位科学巨人同样是善于独处的代表。曾经有人问过他：“当你一个人的时候，会不会感到孤独和寂寞？”他回答说：“也许很多人都会害怕一个人的感觉，因为那对他来说，意味着孤独和寂寞。但对于我而言，独处恰恰是一种最好的享受。”事实上确实如此，在许多黑暗时期，这样的独处带着他越过了无数的险滩暗流，并且使他拥有一种内在的安详，也造就了他至高的成就。

独处，能够带给你内心的富足，能够让你认识一个真正的自己。在这个五彩缤纷的世界里，许多人心浮气躁，害怕孤独，全然没有静静独处的耐心，也只有少数人能超然物外，享受独处的美妙。因为人们普遍认为，独处就是离开了人群脱离了社会，意味着孤独和寂寞，有谁会愿

意忍受孤独和寂寞呢？

而事实上，孤独和独处是完全不同的。孤独，是因为内心感受不到来自他人的关爱，缺乏温暖的一种痛苦，是被动接受的情绪；而独处，则是一种自觉屏息内心的浮躁，让自己有充分思考的时间和空间，是一种主动的选择，两者之间有着天壤之别，其带来的结果也是不一样的。

有时候我们会觉得空虚、疲倦、不快乐和不满足，在这些日子，即使我们努力地接触其他人和社会，也不会成功，越是努力，就越是失败。这时候，我们需要暂时停止频繁的社交活动，对自己以及周围所发生的事情进行深入的观察，就能转化自己的内心，能更清晰地看待事物。

独处的意思，并不是说让自己的思维散乱，天马行空地四处游荡。独处的意义在于对自我的省视中，学会放下对过去的回忆，对未来的幻想，回归当下。给自己时间和空间，你可以从洗衣、拖地板、清洁房间、沏茶、看书等一切你愿意的事情开始，每一件微小的事物都可以成为你的镜子，你可以从中看到自己的内心，并与自己做一次深入的交谈。

一个人独处时，常常想着别人对自己的好处，你就会善待每一个人。那么，你就愿意为他付出，愿意与他交好，人与人之间的友谊就会地久天长。

一个人独处时，常常想着自己对别人的好处，你就会让自己的自我优越感不断膨胀，从而失去真我的本性。当他因为一时一事做得对你不利的时候，你就会感到委屈，感到不舒服，就会找一个理由惩治他，这不利于自我人格的完善，也不利于人际关系的和谐。

所以，当你遇到快乐时，你要记得克制，因为得意忘形，忘形伤本，忘本失性。当你遇到困惑时，你要退一步思想，因为退一步则海阔天空。

来自剑桥的情商秘密

学会在安静中独处也是一件很困难的事情。具体而言，你可以尝试这么做：

1. 减少电视和网络时间。不是不能看电视，或者使用网络进行娱乐，而是把时间尽量减少。

2. 早起。早起最大的好处便是可以在安静中独处，试一试在 30 天内，每天早起 1 小时用来散步，如果不适用于你，你也可以晚睡 1 小时。你可以任选一种你觉得适合的方式。

3. 提早开工和收工。不管是学习，还是处理某件事情，尽早完成、尽早收工，都能给自己争取到独处的时间，这也意味着你需要更高的效率。

4. 午饭时间长一些。如果你拥有 90 分钟的午饭时间，那么用前 30 分钟来吃饭，剩下的 60 分钟就可以用来独处。

5. 放弃部分义务。对于一些烦琐的社团、群体活动，要控制好频率和时间。

6. 减少不必要的阅读。不必要的阅读是指除了正常学习工作之外的阅读，比如小说、博客等。

7. 减少娱乐消遣。聚会，喝酒，运动，玩游戏，尽管这些活动都发生于你自己的空余时间，看看自己能否减少一些。

剑桥考考你

▼

你是一个善于独处的人吗？你可以尝试回答以下几个问题：

1. 你会有意识地给自己独处的时间吗？

2. 通常情况下，你独处时思考最多的问题是什么？

3. 独处时，你的情绪是平静的，还是因为忧伤而“被迫”独处？

4. 写下独处带给你的改变，以及因为独处，你认识了怎样的自己。

/ 第 5 节 /

正确对待你的缺点，它也能展现魅力

剑桥箴言

别人的缺点在我们眼前，我们的缺点在我们背后。

一个人不管多强大，不管拥有多少优点，也时刻不要忘了检点自己的行为，查找自己的缺点和不足。因为一个缺点的重量，足以压垮和摧毁整个人生。

德国皇帝威廉二世曾设计了一艘军舰，自认为这是天底下最先进的军舰。于是，请来造船专家品评，希望得到专家们的恭维和盛赞。

造船专家观看了威廉二世设计的图纸，说了这样一番话：陛下，您设计的这艘军舰，它的船形将是世上最美的，它的航速将是世上最快的，它的抗打击能力将是世上最强的，它的武器装备将是世上最优的，它的桅杆将是世上最高的，它的大炮射程将是世上最远的……但陛下，您这艘伟大的军舰，看来只有一个缺点，那就是只要它一下水，就会立刻沉到海底。

一艘再强大的军舰，有时只需一个缺点，就足以令它沉入大海。一个缺点有多重？对于一条船来说，一个缺点的重量，就是整条船的重量，就是整条船的命运。

如果把人生比作一条船，那么，一个缺点的重量，也足以将人生之船葬入大海。

一般人都有这样一种本能，那就是在别人面前掩盖自己的错误或缺点。小孩子在父母面前掩盖自己的错误，学生在老师面前掩盖自己的错误，大腕明星在公众面前更是对自己的缺点讳莫如深。

这种遮遮掩掩的做法结果如何呢？小孩子渐渐学会了撒谎，学生成绩下滑，老师却始终找不到症结所在；明星们的隐瞒反而成为狗仔队们竞相热炒的对象……总之，都是掩盖惹的祸！

事实上，如果在交往中将自己的缺点明白地表示出来，往往会得到别人的信任。因为一般人都是想方设法地掩饰自己的缺点，宣扬自己的优点，所以如果有人故意暴露自己的缺点，反而会让人觉得他很诚实，从而产生对他的信任感。

当然，暴露或坦白自己的缺点，也要讲究策略，不能把自己的缺点和盘托出，这样做不但得不到上述效果，反而会破坏自己的形象。最好的办法是：适当透露自己的缺点，否则会让人感觉你不真实。而且这些缺点必须是与人无害，不会导致别人对你宣判“死刑”的。

俗话说：“金无足赤，人无完人。”一个有些缺点的人往往真实可信，容易得到他人的认可。因此真正聪明的人常常有意承认或透露一些自己的无关要紧的缺点。所以说，以缺点为骄傲的人是愚人，掩盖自己缺点的人是庸人，主动亮出自己的缺点并努力改正的人才能称得上是智者。

来自剑桥的情商秘密

心理学博士安东尼·巴里认为：“再优秀的人也会有缺点，优秀的人往往知道正确地对待自己的缺点。”你可以参考以下几条：

1. 不良的习惯要学会改正。这里指是生活中的某些不良习惯，比如不好的饮食习惯、作息习惯等。这都不是很大的缺点，但却不容忽视，一个小小的坏习惯都有可能变成大缺点。

2. 学会面对，不要逃避。既然缺点是客观存在，那还不如坦然面对。这样的效果肯定要比躲躲藏藏好一些，正视自己的不足，相信自己可以慢慢地改正，缺点也会慢慢成为一个小优点。

3. 尝试着去改变自己一下。如果觉得现在的自己还有这样那样的问题，那么为什么不去改变自己呢？说不定一个崭新的自己会出现在众人面前，以前有很多缺点的自己也将一去不复返！

4. 大胆一些，做一些自己没有做过的事情，或者是不敢去做的事情。

5. 多看到自己的优点，不能死抓着缺点不放。多发现自己的优势和长处，可以增加自己的信心。有了自信，在别人面前也容易放松，得到别人的认可。

剑桥考考你

▼

可能你从来都没注意过你是如何来对待你的缺点或错误的。是遮遮掩掩，是幽默地自嘲，还是破罐子破摔？不如先来做做下面的小测试吧。

1. 你被公认的特点是：

A. 典雅　B. 自嘲　C. 自然

2. 你曾经为什么事而撒谎：

A. 你的年龄和体重　B. 你的成绩　C. 你以前的恋爱经历。

3. 你认为最糟糕的缺点就是缺少：

A. 自信　B. 幽默　C. 清醒的头脑

4. 你的一位朋友批评你脾气暴躁、傲慢、偏执或自大（任选一项），而她说的偏偏又是事实，你的反应是：

A. 也挑出她的毛病，反唇相讥　B. 再加上一句："我还很小气呢！"

C. 表示同意

5. 想要受人欢迎，只需要：

A. 精通怎么打扮　B. 保持微笑　C. 做自己

测试说明：

如果你的答案中 A 最多，你会小心地掩盖你的缺点。你是个追求完美的人，你不愿意暴露任何缺点，不论是外在的还是内在的。你的聪明之处在于可以将别人的注意力引向别的地方，在不动声色之间就巧妙地将错误掩盖，把缺点带来的负面影响降到最低，甚至让它消失。而这正是你的魅力所在。

如果你的答案中 B 最多，你会幽默地化解你的错误。你是个非常了解自己的人，而且性情温和。因为你对自己的优点和缺点了如指掌，所以当别人指出你的缺点或错误时，你可以胸有成竹地用特别轻松与讨巧的方式将它们一一化解。

如果你的答案中 C 最多，你会坦然地承认你的不足。你的信条是，人无完人。谁都有可能犯错。你会用最自然的方式接受你的缺点和不足。不反驳、不暴躁、不掩饰、更不会自暴自弃。聪明的你懂得为自己也为别人留下余地。

/ 第 6 节 /

失败者从别处找借口，成功者从自身找原因

剑桥箴言

只要你愿意，就会有一个方法，只要你不愿意，就会有一个借口。

当结果大白于天下，你知道自己成为“失败者”之后，先不要怨天尤人，埋怨有谁和谁对不住你。而是要调整好心态，让自己冷静下来，从自身去找原因，然后你才会找到实现目标的方法。一个遇事总从自己身上找原因的人，就没有什么事情做不成。

著名经济学家迈克·亨利在他的自传中讲述过这样一件事。

他的朋友巴德很不满自己的工作，他愤怒地说：“我的上司一点也不把我放在眼里，总有一天我要对他拍桌子，然后辞职不干了。”

迈克反问巴德说：“你对于那公司完全弄清楚了吗？对于他们做贸易的窍门完全弄懂了吗？我建议你好好地把公司的一切贸易技巧、商业文书和公司组织完全搞通，然后再辞职不干。”迈克建议说，“你用公司做免费学习的地方，什么东西都懂了之后，再一走了之，不是既出了气，又有许多收获吗？”巴德听从了迈克的劝告，从此便默记偷学，甚至下班之后，还留在办公室研究写商业文书的方案。一年之后，迈克打电话问巴德：“你现在大概多半都学会了，可以准备拍桌子不干了吧？”

巴德说:“可是我发现近半年来，老板对我刮目相看，总是委以重任，又升官、又加薪，我已经成为公司的红人了！”

迈克坦然地说：“这是我意料之中的！当初你的老板不重视你，是因为你的能力不足，却又不努力学习，尔后你痛下苦功，当然会令他对你刮目相看。只知抱怨上司，却不反省自己的能力，这是人们的通病！”

从失败者到成功者角色的转变，最重要的一点不是努力，而是要自我反省。一个遇事总从自己身上找原因的医生，他就不会漠视因贫困无钱看病的人，可能他会自掏腰包垫付药费；他就不会因提成奇高而昧着良心开昂贵的药品，可能他会用最便宜的药取得最好的疗效；他就不会让病人做一些无谓的检查，而是凭丰富的临床经验做出全面诊断……

一个遇事总从自己身上找原因的老师，他就不会在满堂灌地剥夺孩子独立思考的能力，而是循循善诱，训练孩子的发散性思维；他就不会三番五次给家长打电话要家长到学校面谈，而是课间找孩子谈心，先肯定优点，再鼓励其改正错误，坦诚以待，赏识教育，事半功倍……

一个遇事总从自己身上找原因的建筑商人，他就不会千方百计靠行贿中标，而是锻炼内功，以雄厚的实力和优质服务参与竞标；他就不会偷工减料，以次充好，而是严格按照材料标号确保质量；他就不会把工程分包给无厘头的包工头，而是实际查验资质证明……

失败的时候，最能看出一个人的素质。往往失败的人，很多的问题出在自己身上，却总想从别人那里找原因。失败了，要敢于承认。哪怕是有不公正的原因，也不要盲目抱怨。要知道，你了解的情况很片面，很主见。一旦失口说出了很没有水准的话，那才是失败到底了。

来自剑桥的情商秘密

从自身找原因，是一种智慧的表现，也是获得成功的前提。那么怎样从自身找原因呢？

1. 自己在一件事情当中扮演了怎样的角色，应该承担到怎样的责任。要考虑自身承担责任的多少，要考察自己有没有不尽责，或者超出权力、能力范围的行为。

2. 自己是否被外部环境影响到了呢？外部环境有多大？外部环境肯定会造成影响，但是自身为什么会被影响到？进而总结出教训。

3. 自己在整个事情从开始到失败的过程中，决心、毅力有没有降低？很多时候都是三分钟热度，自己热度的降低，对结果有很大的影响。

4. 自己在传递想法、意见的过程中，有没有问题？在沟通环节出的问题，要反思自己的表达方式、表达技巧、表达能力有没有问题。

5. 自己选择的团队，是别人能力有限，还是自己选择出了问题？团队的失败，也要从自身找原因，如果自身和团队都很努力，但最终还是失败了，那就要考虑是不是自己最初的团队选择或者团队目标有问题。

剑桥考考你

▼

对于失败或者矛盾，你是一个善于找借口的人，还是一个懂得找自身原因的人呢？你可以尝试回答以下几个问题：

1. 你喜欢算计别人吗？

2. 你经常会向别人妥协吗？

3. 你喜欢过问别人的隐私吗？

4. 你经常带着情绪生活吗？

5. 你会拒绝者朋友进入你的生活空间吗？

第二堂课

情绪控制

让情绪为己所用，你会因此大放异彩

/ 第 1 节 /

能调动情绪的人，才能做情绪的主人

剑桥箴言

凡事发生都将有利于我，假如我得不到想要的，那么我将得到更好的。

在生活中，每个人都会经常遇到种种不如意的事情，有的人会因此大动肝火，结果把事情搞得越来越糟。而有的人则能很好地控制自己的情绪，泰然自若地面对各种刁难，在生活中立于不败之地。

如果学会了审视和了解自己，学会怎样激励自己，学会怎样调动情绪，将不会再无助地听任消极情绪的摆布，而是能够从容地面对痛苦、忧郁、愤怒和恐惧的情绪，发现自己能轻而易举地驾驭它们，驾驭一切。

一天，陆军部长斯坦顿来到林肯那里，气呼呼地说一个少将用侮辱的话指责他。林肯于是建议斯坦顿写一封内容尖刻的信回敬那家伙。斯坦顿立刻写了一封措辞强烈的信，然后拿给总统看。

林肯高声叫好，“要的就是这个！好好训他一顿，真写绝了，斯坦顿。”但是当斯坦顿把信叠好装进信封里时，林肯却叫住他，问道：“你干什么？”

“寄出去呀。”斯坦顿有些摸不着头脑了。

“不要胡闹了。”林肯大声说。“这封信不能发，快把它扔到炉子里去。凡是生气时写的信，我都是这么处理的。这封信写得好，写的时候你已经解了气，现在感觉好多了吧，那么就请你把它烧掉。你是一个将军，若成不了自己情绪的主人，又怎么能够带领我们的军队呢？”

人的情绪体验是无时无处不在的，相信每个人都有过莫名其妙地被某种情绪侵袭的体验，这些情绪体验既包括积极的情绪体验，也包括消极的情绪体验。人活着，就免不了体验这些情绪。情绪左右了人类无数的决定和行动，无论对我们的学习还是对社会适应能力来说，情绪都扮演着非常重要的角色。

人要学会调动自己积极的情绪，学会控制自己消极的情绪。能调动情绪的人生活更有效率，更易获得满足，更能运用自己的智能获取丰硕的成果。反之，不能驾驭自己情绪的人，内心激烈的冲动，削弱了他们本应集中于工作上的实际能力和思考能力。只有能够成熟地调控自己情绪的人，才能走向成功。你能调动情绪，你才能做情绪的主人。

恰当地处理情绪并不意味着你要时时刻刻使自己快乐。实际上，那些表面负面的情绪正是为我们成长提供了契机。为了成长，我们必须经历一个逐渐反省情绪的过程。有了成熟的反省，我们才能经得起情绪的冲击，才能不做情绪的奴隶。

人生正如一辆全速的列车，而人的情绪为它提供足够的动力，决定它前行的方向和速度。要想获得美好的人生，那么你一定要学会调动自己的情绪，不做情绪的奴隶，而要做情绪的主人。

来自剑桥的情商秘密

每一次愤怒都有理由，但在愤怒之时，不良情绪会影响人际关系，不宣泄，长期压抑又伤害自己的身心，所以控制好自己的情绪，学会自我情绪控制的方法显得尤为重要。

1. 数颜色控制法

环顾四周，然后在心中自言自语：那是一面白色的墙壁；那是一张浅黄色的桌子；那是一把深色的椅子。一直数到十二，大约三十秒。

2. 自我平衡控制法

冷静想一想，你会发现其他人和自己一样，或多或少都有过一些失败的经历，谁也不是完人。有了对比，心态就会平衡，情绪就会稳定。

3. 运动舒缓控制法

当人们在沮丧或愤怒时，生理上会产生一些异常现象，这些都可以通过运动方式，如跑步、打球等方式，使生理恢复原状，情绪也就自然正常。

4. 音乐缓解控制法

当心情不佳时，听上一曲自己最喜欢的音乐，沮丧的情绪就会得到缓解，所以不妨准备几盒自己最喜欢的音乐，放在身边。

5. 注意力转移控制法

要想控制注意力，最好的方法便是借助于提问题，因为你提出什么样的问题，脑子便会寻找有关的答案，也就是说，你寻找什么，就会得到什么。

剑桥考考你

▼

焦虑情绪自测：如果是经常的，请答“是”，得 3 分；是偶尔的，请答“一般”，得 2 分；从没有过的，请答“否”，得 1 分。

1. 参加考试时，每科考试前你至少检查 3 次准考证是否已在书包里。

2. 你经常有某刻突然想发疯大叫的感觉。

3. 平时生活中，你总是对自己要求极度苛刻。如，即使很累了，也勒令自己工作到深夜。

4. 如果你出了什么错误，你会在内心里不断谴责、埋怨，很难原谅自己。

5. 你常常无端地认为只要和学习无关的都是在浪费时间。

6. 你每晚不太容易入睡，有时会失眠。

7. 常怀疑朋友们可能常常议论自己。

8. 你没有心思关心自己的穿着打扮。

9. 你的记忆力开始越来越差了。

10. 做不出的难题你会一直钻下去，但越做越糟。

11. 你总是无缘无故地感到悲观。

12. 你总感到每天有做不完的事。

13. 你不喜欢参加和观看比较激烈的运动项目。

14. 家人对你的关爱令你倍感压力，常常担心自己会辜负他们。

15. 参加联欢会时你从没想过给大家表演节目。

测试说明：

15—24 分。你的得分表明你是一个无忧无虑的人，一般不会无端心生焦虑，保持这样的心态，你会形成一个良好、健康的内心世界。

25—34 分。相对而言，你的情绪也是比较稳定的，偶尔出现的焦虑只是由于特定的原因造成。如果你的人生道路顺畅，这种焦虑无妨大碍，但如果遇到了一连串的挫折，有可能会引起过度的紧张不安。

35—45 分。你已经过了正常焦虑的警戒线了！这种心态使你愈来愈内向，同时也给自己施加了过重的心理负担。发展下去很可能会形成“强迫性人格”，如果你已不能控制自己的这种心态，就一定要去找心理医生帮忙。

/ 第 2 节 /

愤怒是地狱之火，足以毁灭你的一切

剑桥箴言

我们基于愤怒做出的每一次打击，最终必然落在我们自己身上。

愤怒是一座活火山，它爆发的时候，会将一切美好化为灰烬。

生活中，常有这样那样的事令我们心生愤怒，而在我们火冒三丈的时候，伤害的不仅是别人，更是我们自己。世间万物，对健康危害最大的，莫过于怒气，努力会破坏身体内部的平衡，导致各部分器官功能紊乱，从而诱发各种疾病和灾难。

控制自己的情绪，并冷静地应对一切，这是控制人性中不良因素的体现。“为小事动怒、为小事发狂”是我们很多人都会犯的毛病。遇事不能冷静思考，而是一味地发怒，并不能将问题很好地解决。

当你遇到不愉快的事情时，请先冷静下来。你必须承认任何人都不是完美的，任何事情都不会完全按照计划进行。

人经常不能控制自己的怒气，为了生活中大大小小的事情勃然大怒或者愤愤不平，愤怒由对客观现实某些方面不满而生成，比如，遭到失败、遇到不平、个人自由受限制、言论遭人反对、无端受人侮辱、隐私被人揭穿、上当受骗等多种情形下人都会产生愤怒情绪。表面看起来这是由于自己的利益受到侵害或者被人攻击和排斥而激发的自尊行为。其实，用愤怒的情绪困扰灵魂，乃是一种自我伤害。

对身体健康的伤害只是其中一个方面，愤怒对于灵魂的摧残尤为严重。由灵魂而生的愤怒情绪，又回过头来伤害灵魂本身，让灵魂变得躁动不安，失去原有的宁静和提升自己的精力和时间，这是灵魂的一种自残行为。

正如思想家布莱德利·巴尔克所说："愤怒是由于别人的过错而惩罚自己，愤怒对别人有害，但愤怒时受害最深者乃是本人。"

我们愤怒于别人的言行，让愤怒占据了大部分的灵魂空间，灵魂负载着重担，再无法观照自身，更不能得到任何形式的提升，反而在愤怒情绪的支配下更加容易丧失理智，甚至于越来越远离人的高贵，接近于动物的蒙昧和愚蠢。

结果，导致我们愤怒的人与事依然故我，他们继续做着错的事。享受着愉悦的心情；结果，因为愤怒，我们无法专注于眼前的事情，没能很好地履行自己的职责；结果，我们只顾着愤怒，而无暇体验生命中原本存在的其他美和善，最终，我们会因为愤怒情绪，而失去一切。

折磨我们的是自己的愤怒情绪，而非别人的一些令人愤怒的行为。控制自己的愤怒情绪，从而避免让灵魂受到伤害，是完全在我们的力量范围之内的。

做人做事过于情绪化表明这个人心智还不够成熟。当你怒火中烧的时候，一定要克制自己的情绪。当你被愤怒控制，处于激动之中，会做出许多让你懊悔的事情。所以，为了避免被暴力、乖张、嫉妒、愤怒等不良情绪控制。我们要学会用感恩、知足、惭愧、反省、乐观等观念来控制情绪。

来自剑桥的情商秘密

本杰明·富兰克林曾经说过，“愤怒从来都不会没有原因，但没有一个是好原因。”那么我们该如何控制愤怒的情绪呢？你可以根据以下这六种类型进行分析。

愤怒类型 1：易爆发型。这类人往往是火暴脾气，一遇不顺心的事，肾上腺素会突然上升，导致愤怒突然爆发，更不用说有更糟糕的事情惹他生气。

解决方案：等待怒气消解。愤怒所持续的时间不超过 12 秒钟，就如暴风雨一般，爆发时摧毁一切，但过后却风平浪静。所以如何度过这关键的 12 秒，让怒气自然消解非常重要。

愤怒类型 2：隐忍型。即使内心有一万个愤怒的火球，但他仍然展现给别人一张笑脸，对真实情绪进行不露痕迹的掩藏。但坏处是，这种做法可能会姑息别人错误的行为，并且给自己造成内伤。

解决方案：认识对与错，这是改正的第一步；将自己置身事外，又或者用一种积极的、有建设意义的语言进行沟通表达。

愤怒类型 3：嘲弄型。你发现了一条拐弯抹角的方式来转化自己的不快，而且脸上还带着笑容。尽管你觉得你的语言里充满了智慧，但再有智慧的尖锐嘲弄也会伤害对方以及你们之间的关系。

解决方案：学会直截了当地表达；表达要坚定而且清晰；在感到愤怒之前说出来。

愤怒类型 4：破坏型。总是用一种更隐蔽的方法来表达自己的愤怒，偷偷地对别人进行攻击，造成双输的后果。

解决方案：允许自己生气；懂得为自己争取；尝试去掌控。比如你无法独立承担一项任务，你应该告诉伙伴你需要支持，而不是一边竭尽全力维系，一边却充满怨气经常对他人发脾气。

愤怒类型 5：自责型。每次都把所有的过错揽在自己身上，容易产生对自己失望和不满，久而久之会导致忧郁症。

解决方案：质问自己“谁告诉我这事应该由我负责”，拒绝将本不该自己承担的责任揽在自己身上；提高自信也很重要。

愤怒类型 6：习惯型。并不是针对该事件应有的正确反应，而是一种错误的习惯。这类人总是直接地表达不满，或者这种情绪经常会流露出来，那么在这些愤怒的背后一定隐藏着一些怨恨、遗憾或是挫败。这种类型的人会导致朋友、亲人远离和逃避。

解决之道：直面自己的内心深处。哪些是你满意和不满意的；留意愤怒的迹象，当你能够灵敏地觉察到自己快要生气时的种种迹象时，便可立即做些努力以平息即将到来的怒气。

剑桥考考你

▼

你是一个容易愤怒的人吗？你可以尝试回答以下几个问题：

1. 当一个人说了让你愤怒的话，你会怎么做？

2. 在朋友眼中，你的脾气，和你自以为的自己有不同吗？

3. 你时常得罪别人吗？面对别人的愤怒，你怎么应对？

4. 如果有人对你做的事、说的话总是不满意，你怎么回应？

/ 第 3 节 /

输不起的人，多数也赢不了

剑桥箴言

你要么是在经历一生中倒数第一次的失败，要么是在取得令人不可思议的成功。

没有什么失败是致命的，致命的只是“悲观主义、怨天尤人和失去自信”混合而成的消极情绪。许多人不是败给别人，而是败给了自己。只要你不服输，失败就不是定局。人人都可以拥有伟大的雄心，美好的梦想。当美梦成真的时候，有的人心满意足、不思进取；当梦境破灭，而且无力转败为胜的时候，有的人就被套在自怨自艾的枷锁里，跌进万念俱灭、无所期待的绝望中。这些都不是健康而有意的态度。他们无力抵御命运的寒风，失败是迟早的事情。

有这样一个人：他 21 岁时，做生意失败；22 岁时，竞选州议员失败；24 岁时，生意再次失败；26 岁时，爱侣去世；27 岁时，一度精神崩溃；34 岁时，角逐联邦议员再度落选；45 岁时，联邦参议员落选；47 岁时，提名副总统落选；52 岁时，当选美国第十六任总统。就是这个屡败屡战的人，却成了美国历史上最伟大的总统，他就是亚伯拉罕·林肯。即便是在南北战争中，政府军节节败退，绝大多数人都丧失信心时，他也始终如一的冷静和自信。他常说:“手上的牌没打完，我是不会认输的。”对他来说，除非死亡，否则没有什么能剥夺他继续“出牌”的权利。

失败是付出努力的一种结果。可是，如果不为某件事情而努力，那么，在一切事情上，你都会跌倒。不能因为失败，就颓然地放弃尝试。你需要不停地尝试，直到成功的那一天。因为尝试而失败，本身就是一笔财富。在某种意义上，没有什么比成功更令人沮丧，因为和失败相比，你也许无法从中学到什么。

失败,是你为成功所付的学费。失败不算什么,失败是一次“事件”，从来就不是一个“人”，所以，永远不要说自己是“失败者”，如果能够做到这一点，你就会成功。须知，90% 以上的失败者，就是在一次失败之后，从此就停止了尝试。

一个输不起的人，就是一个赢不起的人。不怕失败的人，才会笑到最后。年轻人最大的光荣，在于每次跌倒后，都能无所畏惧地站起来。看过拳击台上的那些勇士吗？他们屡次被击倒在地,却能带着刚毅的脸，摇摇晃晃地站起来，继续参与格斗，连对手都对他们充满敬意。

在失败当中，你既要看到自己的短处，也要看到自己的长处。有时候，一次重大的挫折，对你来说，可能是世界上最好的事情。有时候，一次体面的失败，就如同一次光荣的成功一样，同样使你受益匪浅。

来自剑桥的情商秘密

既然失败是常见的，也是有用的，那么怎样来处理失败之后的消极情绪呢？

第一招，心理宣泄法：在合适的场合把消极情绪发泄出来。

具体方法：1. 向人倾述，包括亲人和前辈的开导；朋友和同事的感同身受;陌生人的没有压力和后顾之忧。2. 书写宣泄，包括写信、日记、画画、日志、微博等。记下自己的心路历程作为回忆，有可能因此写出很好的随笔、散文、诗等。3. 能量宣泄，包括大哭一场；在合适的地方大叫；进出气室宣泄等。

第二招，注意转移法：把注意力从引发消极情绪的事物转移到别的事物。

具体方法：看电影、电视（喜剧），听音乐（讲一下网上说具有各种功能的音乐，并让人们回答他们选择的音乐），散步，进行体育运动或者其他兴趣爱好（收拾房间）。

第三招，反向思维法：换个角度看问题，或看到问题的积极方面。

第四招，优势比较法：想象那些比自己受挫更大，困难更多，处境更差的人比较，心理平衡，以他们的成功和努力鼓励自己。

第五招，改变目标法：找个新的目标代替原来的目标，有了努力的方向就能振作起来。

剑桥考考你

▼

你是一个输不起的人吗？你可以尝试回答以下几个问题，和你的父母、朋友、前辈进行交流。

1. 你举办了一个生日聚会，突然有一个人在聚会上大吵大闹，抢走了所有风头，你会怎么做？

2. 你和朋友一起努力完成了某项任务，可获得表扬的只有你的朋友，你会怎么做？

3. 遇到失败和挫折的时候，你是先找外因搪塞？还是先从自身找原因去改正，再努力？

/ 第 4 节 /

战胜恐惧，才能赢得美好未来

剑桥箴言

一项重大成果完成之后便属于全人类了，对于自己而言，成功只不过是把自己从失败的恐惧中解脱出来。

恐惧源于无知，凡是我们没见过的东西，或我们没有预料到的东西，当我们突然意识到了，都会变成某种恐惧。

人的恐惧与动物的恐惧一个最大的不同是，动物的恐惧都有真实的对象，比如看到了天敌，或者某种恶劣的天气等，而人可以对心中的事物、对未来产生恐惧，此时恐惧还停留在思维中，变成了一种情绪。所以说，动物的恐惧在事发之时，人的恐惧在事发之前。

正是这个原因，恐惧是阻碍我们成功的头号敌人！是第一失败情绪，怕字当头，必然行动不自由、不彻底，或者干脆取消一切行动。其实未来与现实一样有好的一面，也有不好的一面，但恐惧情绪却是拒绝了整个的未来，而不分未来的有利面还是不利面。

有个名为琼斯的新闻记者，极为羞怯怕生。有一天上司叫他去访问大法官布兰德斯，琼斯大吃一惊，连忙说“不行不行，他根本就不认识我”。在场的一个记者拿起电话就拨通对方秘书办公室：“你好，我是明星报的记者琼斯，我奉命采访布兰德斯法官，不知道他今天能否接见我几分钟？”琼斯一听吓坏了，在旁边恨得大骂:“你怎么提我的名字？”这时电话里已传出声音：“一点十五分，请准时。”“琼斯先生，你的约会安排好了。”同事滑稽地耸了耸肩，而琼斯一下子愣住了。

“那一刻是我二十几年来学到的最重要的一课。我战胜了恐惧，也就赢得了未来。”成名以后的琼斯总在说那一句话。

伏尔泰说，动物有两点值得羡慕：一是无知，即他们对未来的不幸或困难毫无所知；二是评价，人对它们的描述它们无从理解。而这两点恰恰是人最最在意的，为确保万无一失或者说保全面子的最可靠保证，就是不行动。仅仅是想成功的人每每被理想的风帆所鼓动，可一想到失败后可能出现的现实境遇，还是偃旗息鼓算了。从这一点说，那些一定要成功的人反而进化得迟缓一点，因为他们更靠近动物的“无知”和“无所畏”。

客观的恐惧是免不了的，一个人可以摧毁心中的一切，只要他活着，他就无法摧毁恐惧。一个智慧再高的人看到吐芯的巨蟒照样恐惧，看到从未见过的天外来客照样恐惧。但主观的恐惧是可以通过丰富经验和提高认知而消除的。丰富经验就是越怕行动越要行动，否则从何处积累经验？纵观成功人士，他们不是比你“会”做，而是比你“敢”做，他们坚定的信念、强烈而清晰的目标能抵挡一切恐惧。能战胜恐惧的人，也是“输得起”的人，他们一开始就把失败考虑进去，并准备好承受一切挫折，他们深信小石子不可能把一个人送上山巅，可是大部分人一辈子都在希望幸运之神先给他们一大笔，然后再向别人炫耀他能输得起。他们一辈子都奢望着模糊的美景，偶尔还会心血来潮，当一出手就碰壁时，他们惊慌失措，如临大敌，像山顶洞人突然看到冒着白烟的火车。

失败者的心理只有一个：畏惧就是一切；他们的准则也只有一个：坚决不付出行动；他们的进程更只有一个：誓将失败进行到底。

来自剑桥的情商秘密

恐惧情绪的存在很正常，但是怎么克服呢？巴尔克 · 拜伦博士认为“最坏打算 + 立即去做”是核心。具体包括有：

1. 问问你自己，可能发生的最糟的结果是什么。
2. 详细地写下你的忧虑。
3. 如有必要的话，接受这种最糟的情况。
4. 写下解决这个问题的所有方法。
5. 决定哪种方法最好。
6. 立刻去做。
7. 对你认为糟的事情，平静地去加以改善。

剑桥考考你

▼

你有过恐惧情绪吗？什么事情会引起你的恐惧呢？你是否想永远沉浸在自然而又安全的氛围中呢？你可以尝试回答以下八个问题：

1. 童年时代，你对父母感到恐惧吗？
2. 你时常有无能为力的感觉吗？
3. 你常常关心其他人对你的印象吗？
4. 你如何对待具有威慑力的人物？
5. 你对猫、兔等无害的动物的态度有不安情绪吗？
6. 你对自己的身体健康状况抱有什么看法？
7. 你做决定时的态度是坚定的，还是有一丝不安呢？
8. 你如何看待责任感？

/ 第 5 节 /

永远不要抱怨，抱怨只会暴露无能

剑桥箴言

抱怨是快乐的杂草，多抱怨一天，就少幸福一天。

抱怨是成功的天敌，抱怨是快乐的克星，抱怨是弱者的标签，抱怨是人生的毒药，如果你想收获幸福、充实的人生，就必须赶走抱怨。

生活中，我们很多人受到抱怨的困扰，或自己喋喋不休，或受困于他人的蝇蝇之语，轻者致人际关系不佳，甚者精神抑郁危害身体，重者朋友疏远、夫妻反目。所以说，抱怨，就是一种无法自拔、危害极大的不良情绪。

先哲们早就说过，在任何情况下，你对任何状况的不满意，都是你在那上面付出不足，都是因为过去，而不是你抱怨的现在。你抱怨健康不好说明你过去在身体上投入不足，你抱怨人际关系不好说明你过去对别人关注不足，你抱怨知识水平太低说明你过去学习不足，你抱怨自己没有经验说明你过去经历不足，你抱怨自己总是心情不好说明你根本没去做自己感兴趣的事……

那些抱怨的人抱怨周围的一切，晴天时抱怨怎么不下雨，下雨了抱怨天还不晴，反正黑暗总是跟随着自己，而从不问自己给周围带来多少光明，这种思想的本质实则是不劳而获。

当不劳而获不可能时，就出现了一大批吹毛求疵的抱怨者。是树就会有虫子，这是自然界的规律，本是无可抱怨的，可抱怨者就是要一天到晚盯着虫子看，盯着虫子想。一位德国作家说过：如果仅仅致力于发现一个伟人或一个伟大时代的瑕疵，这是一种极为可悲的人格。奥斯特洛夫斯基说得更形象：不能燃烧的东西却冒着浓浓的黑烟，这种人到哪里都排烟放毒，制造污染，我们要做的事就是远离他们!

你完全可以抛弃掉抱怨的情绪，因为你不知道你有多幸福，如将全世界各种族的人口按一个一百人的村庄的比例来计算的话，那么，这个村庄将有：57 名亚洲人、21 名欧洲人、14 名美洲和大洋洲人、8 名非洲人；52 名女人和 48 名男人；80 人住房条件不好；70 人为文盲；50 人营养不良；1 人正在死亡；1 人正在出生；1 人拥有电脑；1 人拥有大学文凭。

也就是说：如果今天早上你起床时身体健康，没有疾病，那么你比几百万人更幸运，他们甚至看不到下周的太阳了；如果你从未尝过战争的危险、牢狱的孤独、酷刑的折磨和饥饿的滋味，那么你的处境比其他 5 亿人更好；如果你能随便进出教堂或寺庙而没有任何被威胁、暴行和杀害的危险，那么你比其他 30 亿人更有运气；如果你的冰箱里有食物，身上有衣可穿，有房可住及有床可睡，那么你比世上 75% 的人更富有；如果你在银行里有存款，钱包里有票子，口袋里有零钱，那么你是属于世上 8% 最幸运之人；如果你父母双全，没有离异，那么你的确是那种很稀有的地球之人……现在，你知道你有多幸福了吧?

抱怨世界不如改变自己。与其因为抱怨而让心理失衡，让明媚的生活变得昏暗，不如去努力改变现状，让未来因为你此时的努力而格外辉煌。

来自剑桥的情商秘密

几乎每个人都有过抱怨，只是程度不同。那么如何去减少抱怨呢?

1. 学会倾听自己的内心。遇到问题，多问自己“为什么会发生”“与自己有多大关联”“对自己的影响是不可逆的吗”？

2. 寻找一个分担者。自己承担不起时，就找朋友或家人去分担，不论是倾诉，还是寻求慰藉，都能减少你的抱怨。

3. 尽量澄清。对于他人的误解，或者问责时，不温不火地去解释，去说明，尽量减少对方的误解，避免百口莫辩的窘境。

4. 培养输得起的信念。失败时、遇到困境时，不要怨天尤人，而要尽量寻找解决之道，抱怨并不能让事情好转的，只会更坏。

5. 享受美好的生活，培养幸福感。保持一颗平和积极的心，去享受美好的生活，憧憬美好的未来。

知名牧师威尔·鲍温，于 2006 年发起了一场减少抱怨的紫色小手环运动。现在，请你也加入这场不抱怨运动：

1. 准备一个手环、手链，或者其他随身物品。

2. 当你发现自己正在抱怨、讲闲话或批评时，就把手环、手链移到另一只手上，或者把随身物品移到另一个口袋中。

3. 如此交替更换，直到达成连续21天不抱怨、不批评、不讲闲话为止。

4. 坚持下去，已参与者的成功时间是 4 ~ 8 个月。

剑桥考考你

▼

你是一个爱抱怨的人吗？你可以尝试回答以下三个问题：

1. 当别人误解你时，你一般选择怎么做？

2. 当你遇到不公平的待遇时，你会怎么做？

3. 当你遭遇失败之后，一个人独处时，你会反思哪些问题？

/ 第 6 节 /

嫉妒，
让你陷入无法自拔的危险旋涡

剑桥箴言

驱除妒忌最好的办法是，假定别人能做的事情，自己也能做，甚至做得更好。

在所有的情绪中，嫉妒是最普遍和最令人不安的一种。纵观古今，横看中外，无论是人们生活的现实，还是文学艺术作品的描绘，由于嫉妒而造成惨重恶果的比比皆是，不能不令人触目惊心。

由于强烈的嫉妒为占有欲和支配欲所驱使，从某种意义上说，嫉妒是万恶之源。嫉妒给人的负担太沉重了，并可使人产生一种祸害他人的罪恶心理。

嫉妒心理是在自己不如别人优越，感到失落时产生的一种消极的情感。产生嫉妒心理的原因至少有两个方面：一是不能接受别人比自己强的现实；二是权力欲、支配欲、占有欲强。

嫉妒还是一种突出自我的表现。无论什么事，首先考虑到的是自身的得失，因而引起一系列的不良后果。所以当嫉妒心理萌发时，或是有一定表现时，要能够积极主动地调整自己的意识和行动，从而控制自己的动机和感情。这就需要冷静地分析自己的想法和行为，同时客观地评价一下自己，找出差距和问题。当认清了自己后，再重新认识别人，自然也就能够有所觉悟了。

鲍伯是家里的独生子，毕业后与布鲁诺一同进入一家大型公司工作。因为布鲁诺已经毕业两年多了，在工作经验和工资待遇上都高于鲍伯，再加上工作能力比较出色，每个月的业务提成也都不错。鲍伯看布鲁诺的待遇比自己好了许多，就产生了一种嫉妒情绪，渐渐地，这种嫉妒情绪也加深了他的多疑倾向。

有一天，鲍伯声称丢了钱，怀疑是同办公室的布鲁诺所为，于是报了案。警察为了查清事实，对同一办公室的所有人都进行了调查，结果发现鲍伯所指的时间内同办公室的人不具备作案可能。过了不久，鲍伯发现原来钱夹在自己的一个本子里，这才忆起是自己忘记了把钱放在本子里。钱找到了，但却给布鲁诺和其他同事的心灵上造成了伤害。这一点鲍伯也很清楚，因此，找到钱之后，鲍伯的精神压力更严重了，多疑和嫉妒心理也变得越来越严重。后来，导致他无法与任何同事和睦相处，而离开了这家公司。

这个故事也印证了一句名言："嫉妒，是对别人幸运的一种烦恼。"嫉妒是有明显的对抗性的，这种对抗表现为攻击性，攻击的目的就是要颠覆嫉妒的那个人的形象或运气。由于嫉妒让自己的心理天平失衡了，嫉妒者便看不到别人的优点和长处，眼里处处都是别人的毛病，甚至会颠倒黑白，弄虚作假。

可见，嫉妒是一种不健康的情绪状态，在嫉妒心理的影响下，人的身心健康都会受到损害。特别是那些心理素质较差的人，一旦受到嫉妒心理的冲击，内心便充满了失望、懊恼、悲愤、痛苦和抑郁，有的甚至陷入绝望之中，难以自拔。

研究证明，有嫉妒心理的人，往往处于焦虑不安、怨恨烦恼之中。

这种消极不愉快的情绪，会使人的神经机能严重失调，从而影响到心血管的机能，进而导致心律不齐、高血压、冠心病、胃及十二指肠溃疡、神经官能症等心身疾病的发生。

作为新时代的年轻人，我们不管是在学校，还是在社会生活中，都要在充满竞争的环境中客观地对待自己，不要把比自己优秀的同学或同事当成与自己有竞争关系的对手，而要当成自己前进的动力。记住，一旦你有了嫉妒，也就是承认自己不如别人。你要超越别人，首先你得超越自身。坚信别人的优秀并不妨碍自己的前进，相反，它可能给你前所未有的动力。事实上，每一个真正埋头沉入自己事业的人都是没有时间去嫉妒别人的。

来自剑桥的情商秘密

嫉妒是一种心理缺陷，是一种消极、有害的情绪。那么，怎样才能克服这种不健康的嫉妒心理呢？

1. 缩小差距用正当的方法去缩短自己和被嫉妒人之间的差距，不是采取打击报复的方法，而是要从提高自己，弥补自己的缺点和发挥自己的长处入手。

2. 改善性格不要再那样的自私了，要知道世界上不可能只有你一个人，不要只看到自己，看不到别人，看到别人比你强的时候也不一定就给自己带来了威胁，思想的自私和狭隘会产生严重的嫉妒心理而无法自拔，要懂得以宽容大度的心去看世界，看问题。这样不仅有利于消除嫉妒心理，更有助于提高个人的素质。

3. 经常将心比心。嫉妒，往往给被嫉妒者带来许多麻烦和苦恼，换位思考就会收敛自己的嫉妒言行。

4. 看到自己的长处，化嫉妒为动力。一个人在嫉妒别人时，总是注意到别人的优点，却不能注意自己比别人强的地方。其实任何人都有不如别人的地方，当别人在某些方面超过我们时，我们可以有意识地想一想自己比对方强的地方，这样就会使自己失衡的心理天平重新恢复到平衡的状态。

剑桥考考你

▼

这是剑桥大学克里斯汀教授设计的一道心理测试题，请拿出一张纸，用10分钟认真完成它，测测你的嫉妒情绪的程度。

1. 首先选择一下图画纸的背景：

A. 视野开阔的原野　B. 繁华拥挤的都市

C. 神秘莫测的森林　D. 驰名中外的景区

2. 画上一幢你自己想象的、被称作“家”的房子，你可以选择：

A. 实用现代的欧式公寓　B. 简洁干净的日式住宅

C. 古雅浪漫的中式庭院　D. 宽敞气派的俄式别墅

3. 接下来在房子的周围准备公共设施是：

A. 中小学校　B. 街心花园　C. 超级市场　D. 高级商场

4. 你希望画中有几个人？

A. 很多（2个以上）　B.2个　C. 没有　D.1个（自己）

5. 应该有一辆交通工具供你出行，你希望画上的车子是：

A. 黑色奔驰　B. 金色林肯　C. 红色法拉利　D. 银色劳斯莱斯

6. 花儿是画面必不可少的装饰，你喜欢：

A. 淡雅的桃李　B. 灿烂的樱花　C. 高贵的郁金香　D. 多情的玫瑰

7. 有一条路是通往外面世界的必经之路，你会将它画在哪里？

A. 这条路连接着“家”和公共设施　B. 这条路在画中人的脚下

D. 被花儿和树木掩映　D. 不管通向哪里，反正在自己车轮之下

8. 你可以在画上留下签名，你会选择：

A. 画的右下角　B. 画的右上角　C. 画的左下角　D. 画的左上角

测试说明：

选 A 得 0 分；选 B 得 1 分；选 C 得 2 分；选 D 得 3 分

0—3 分。恭喜你不知嫉妒为何物；

4—15 分。有较为普遍而正常的嫉妒情绪；

16—22 分。嫉妒心理需要适当调节；

23—24 分。嫉妒心极强。

/ 第 7 节 /

紧张情绪会让人生厌，它是懦弱的旧风衣

剑桥箴言

适度的紧张可以益智，过分的紧张只会折福。

剑桥大学心理学家史提芬博士说："紧张就和饥饿、口渴一样，都是人生活的一部分。但是，如果过度紧张，则对人体不但无益，反而有害。所以，我们必须明了紧张的好坏，然后才能懂得应该利用紧张的好处，即抑制它的坏处。"不要把事情看得太严重，更不要把小事情弄得紧张兮兮的，否则，一旦养这种习惯，紧张就会越来越严重、厉害了。

西蒙先生从事皮毛生意，最近几年行情较好，赚了几百万美元，存了相当多的钱。他在事业上虽然十分成功，但却一直未学会如何放松自己。他是位神经紧张的生意人，并且把生意场上的紧张气氛带回了家里。

吃完晚餐后，他把自己投进一张椅子中，几乎在同一时刻拿起一份报纸。他匆忙地翻了几页，急急瞄了一眼大字标题，然后，把报纸丢到地上，拿起一根香烟，点引燃后吸了两口，便把它放到烟灰缸里。

西蒙先生这样子已有一段时间了。他没有经济上的问题，他的家足够富丽堂皇，他拥有两部汽车，事事都有人服侍他——但他就是无法放松心情。不仅如此，他甚至忘掉了自己是谁。他为了争取成功与地位，

已经付出他的全部时间，然而可悲的是，在赚钱的过程中，他却迷失了自己。西蒙先生的症结在于他的紧张情绪。紧张心理是现代人普遍存在的现象，它的产生主要与社会环境有关。

虽然人们少不了紧张，但过分紧张带来的众多副产品实在讨厌。不说那些多余的小动作，最要命的是关键时刻坏事的那些紧张反应：每逢大考必定发挥失常；遇到心仪对象时语不成句，平日的风趣一扫而光；重要发言时口吃、忘词、张冠李戴等，不仅让人觉得你能力低下，还可能错失稍纵即逝的机会。

还有些人的紧张并不那么外显，但更可能影响身心健康。有人一有压力就用烟酒、食物甚至药物麻痹自己，以至于产生依赖症，比如不少好莱坞明星就有压力性的暴食、用药过量问题；有人则采取过度回避方式，以至于患上社交病；还有人用仪式化的行为缓解紧张，以至于形成顽固的强迫行为。

长期的过分紧张情绪不仅仅会影响到精神健康，对身体也极为有害。一项科学研究结果表明，当一个人长期处于紧张状态时，其体内有一种叫作 IL-6 的免疫蛋白的浓度会超过正常值，这种免疫蛋白与一些中年人易患的疾病如心脏病、糖尿病、骨质疏松症、虚弱和某些癌症有关。所以说，那些身处紧张环境中但尚未出现严重疾病的人，千万不要以为自己的“抗压能力”很好，因为紧张对人体健康的影响有一个累积的过程。

需要强调的是，正处于紧张情绪中的人，不要迁怒于他人。没有什么事可以比迁怒他人更损害自己的。因为，这只会导致更严重的情绪紧张。紧张时更应该注意多休息。不管白天的精神压力如何，夜晚的时候，无论如何要让自己保持心境平和，因为紧张会导致失眠，精神会因之更加紧张。

来自剑桥的情商秘密

不同场合、不同情形，需要面对不同的状况，每个人都会有紧张的时候，如何克服紧张情绪呢？

1. 深呼吸法。找一个比较安静的地方，闭起眼睛，全身放松地站着深呼吸，同时默数“1 — 2 — 3”，吸气要深、满，吐气要慢、匀。

2. 扮怪脸法。对着镜子扮各种各样的怪脸：噘嘴扭唇、歪鼻斜眼都可以。一方面可以放松面部肌肉，另一方面可以转移自己的注意力。

3. 精神胜利法。自己告诉自己：“我就是最优秀的，如果我都不行，那么别人肯定也不行。”

4. 临场活动法。紧张情绪会使体内产生大量的热能，而原地走动、小跑、摇摆和踢腿等活动可以释放消极情绪产生的热量，缓解消极情绪。

5. 闭目养神法。闭目，舌抵上腭，经鼻吸气，安定神情。

6. 凝视法。一直观察某个物体，细心分析，琢磨它的颜色、形状等，这样可以将注意力从让我们情绪消极的事情上转移开。

7. 消遣法。夸张、逗趣的漫画，悠扬的音乐，让人爆笑的影视作品都可以使人心情开朗、情绪高涨，重新充满优越感，恢复自信心。

8. 自我暗示法。自己告诉自己：“我准备得很充分，一定可以成功”“紧张和担心都是无谓的，毫无意义”等。

9. 类比法。用心观察周围人的状态，平衡自己的心态，从情绪好的人身上感受好情绪。

10. 联想法。回想那些自己曾经取得过的成功，想象那些令人惬意的景象，比如蓝天、白云、微风和流水等。

剑桥考考你

▼

每个年轻人都会有紧张的时候，只有程度的不同。那么你的情绪紧张度怎样呢？下面共有 19 道题目，回答时请用“有”或“无”作答，然后进行评判：

1. 常常毫无原因地觉得心烦意乱、坐立不安。
2. 临睡时仍在思虑各种问题，不能安寝。即使睡着，也容易被惊醒。
3. 肠胃功能紊乱，经常腹泻。
4. 容易做噩梦，一到晚上就倦怠无力，焦虑烦躁。
5. 一有不称心的事情，便郁郁寡欢、沉默少言。
6. 经常没有食欲，吃东西没有味道，宁可忍受饥饿。
7. 不管在哪儿，都感到有许多事情不称心，暗自烦躁。
8. 想得到某样东西，一时不能满足就会感到心中难受。
9. 当着亲友的面，稍不如意，就会勃然大怒，失去理智。
10. 任何一件小事，都会始终盘桓在脑海里，整天思索。
11. 对别人的病患，非常关心，到处打听，唯恐自己身患同病。
12. 看到别人成功或获得赞誉，常会嫉妒，甚至怀恨在心。
13. 置身繁杂的环境里，容易思维杂乱、行为失序。
14. 左邻右舍家中发出的噪声，会使你感到焦躁发慌，心悸出汗。
15. 经常和同事或家人甚至陌生人发生争吵。
16. 每每陷入往事便追悔莫及，有负疚感。
17. 做事说话都急不可待，措辞激烈。
18. 遇到突发事件就失去信心，显得焦虑紧张。
19. 性格倔强固执，脾气急躁，不易合群。

测试说明：

如果回答“有”的题目在4道以下，属于正常范围。

如果回答“有”的题目在5—9道之间，为轻度紧张症。

如果回答“有”的题目在10—14道之间，为中度紧张症。

如果回答“有”的题目在15道以上，为重度紧张症。

第三堂课

自我激励

轻松应对挫折，让自己变成超人

/ 第 1 节 /

比你优秀的人比你更努力，你有什么资格懒惰

剑桥箴言

勤奋和智慧是双胞胎，懒惰与愚蠢是亲兄弟。

成功者之所以会成功，就在于他做得比别人多。他愿意付出，愿意去找寻成功的方法，愿意比别人更努力，这才是他们成功的关键。如果你觉得一个人比你优秀，那么比这更让你忐忑不安的事情是，他比你优秀的同时，还比你更努力。正如剑桥大学女王学院院长约翰·波金霍尔所言："你必须非常努力，才能看起来毫不费力，人与人才差距就在点点滴滴。"

全世界最伟大的篮球运动员迈克尔·乔丹在率领公牛队获得两次三连冠后，毅然决定退出篮坛，因为他已经得到世界上篮球运动史中最多的个人光荣纪录与团队纪录，甚至是 20 世纪最伟大的体坛运动员。

在退休后，他说："我成功了，因为我比任何人都努力。当我还是小孩的时候，我就知道，我只有比我年纪更大的人更努力，我才能在篮球场上生存。"在公牛队训练的时候，他的练习时间比任何人都长，据说他除了睡觉时间之外，其余一天只休息两个小时，剩下时间全部练球。

当一个人的先天条件（比如智商、家境）比你优秀的时候，当一个人因为经验优势比你更能驾驭一项任务的时候，你只有比他更努力才行，

哪还有资格唉声叹气呢？哪还有资格懒惰呢？

是的，“努力”这两个字听起来好像令你不很愿意去做，但是并不能回避这两个字，因为成功的确需要努力。看看这个世界上的成功人士，他们努不努力？世界首富比尔·盖茨工作努不努力？与他工作的人说他简直是工作狂。

对于很多上班族而言，明知道很多同事比自己业绩好，明知道很多朋友比自己的家境富裕，他要做的，不是自卑，而应该是努力。你只有永远比第一名更努力，你才有可能赶上甚至超过他们。

成功不需要努力的想法，请你一定要尽早放弃。请你努力做一切能帮你成功的事。努力找寻成功的方法，努力阅读与学习知识，努力采取行动。你要比你的竞争对手还努力，比任何人都努力，比第一名还努力，你就一定会成功。

来自剑桥的情商秘密

如果问“为什么别人比你优秀”，一百个人会有一百个答案，若是你有幸聆听剑桥大学彼得·加西亚博士的演讲，你就会得到这样的解释：

你身边一定有这样的人，他们积极自律，每天按计划行事，有条不紊；他们不张扬，把自己当成最卑微的小草，等待着人生开出花朵的那天。

他们早晨 5 点多起来健身，你在睡觉；7 点开始享受丰盛的早餐，蛋白质维生素淀粉粗纤维样样俱全，为新的一天起了一个好头，当他们收拾妥当准备开始一整天的工作时，你还在睡觉；他们用上午的高效时间完成了一个又一个任务，甚至发现了有可能给人生带来改观的机遇。

当午餐时间临近，他们稍作休息，此时你终于起床。他们的午餐不铺张浪费，却营养全面，而你连牙都没刷，打开冰箱，拿出了薯条和可乐。

午睡之后，他们重新积极地投入学习或工作，而你也终于吃饱喝足，坐在了电脑前，继续茫然。

晚上回到家里，他们也打开了电脑，也许是为了完成白天没来得及做完的功课或工作，也许是因为前两天刚报了一个网络课堂，此时你还沉浸在网络游戏中。

终于，22时到了，他们终于停了下来，或许去满满的书架上拿下了一本书，或许拿起了自己心爱的乐器打算练练手，或许已经上床睡觉。当然，睡之前他们会想一想，自己在这一天都做了什么，有什么收获，又有什么教训。

最后，他们又重新提醒了一下自己那个埋在内心深处的梦想，然后满意地睡去了。

你隐约知道自己的身边有那么一群“他们”，可是你却永远看不到他们的努力。直到有一天，你和他终于“浪漫地”相见了——他是经理，你是普通的打工仔；他是主管，你是小职员；他游历各国，念着你想念的大学，过着你想过的生活……

其实，上天摆在每个人面前的机会是一样的，人生的不同，在于努力的不同罢了。

剑桥考考你

▼

如果你想知道自己在努力和不努力之间有哪些不同，你可以尝试问自己以下三个问题，与你的父母或者朋友交流。

1. 假如我仍然维持现状，会是最努力的那一位吗？
2. 假如我仍然不够努力，往后会付出哪些代价呢？
3. 假如我现在开始成为最努力的人，会让我获得什么？

/ 第 2 节 /

将当下的不幸，变成日后回顾时的“幸亏”

剑桥箴言

人们最出色的工作往往是在处于逆境的情况下做出。思想上的压力，甚至肉体上的痛苦都可能成为精神上的兴奋剂。

逆境是人生的宝藏，困难是上帝的礼物。能把逆境和困难视为“幸运”的只有两种人：一是决心战胜逆境的人。没有这种决心的话，不管再怎么强调“逆境是机会”，也只能变成另一种悲剧；二是能够认为逆境就是机会的人。没有这种智能，逆境只能带来更多的苦难。正如法国作家巴尔扎克所说：“世界上的事情永远不是绝对的，结果完全因人而异，苦难对于天才是一块垫脚石。对于能干的人是一笔财富，对于弱者是一个万丈深渊。”

当剑桥大学首位女校长艾莉森·理查德还是 7 岁的时候，她曾对她的父亲抱怨，说她的生命是如何痛苦，她是多么想要健康地活下去，她已厌烦了抗拒、挣扎，但是问题似乎一个接着一个，让她毫无招架之力。

父亲二话不说，拉起心爱女儿的手，走向厨房。

他烧了三锅水。当水翻滚的时候，他在第一个锅子里放进萝卜，第二个锅子里放了一颗蛋，第三个锅子里则放进了咖啡。

她望着父亲，不知所以，而父亲只是温柔地握着她的手，示意她不要说话，静静地看着滚烫的水。一段时间过后，父亲把锅里的萝卜、蛋捞起来各放进碗中，把咖啡滤过倒进杯子，问:“宝贝，你看到了什么？”女儿说：“萝卜、蛋和咖啡。这有什么奇怪的吗？”

父亲解释道：“这三样东西面对相同的逆境，也就是滚烫的水，反应却各不相同：原本坚实的萝卜，在滚水中却变软了；鸡蛋原本脆弱，它那薄硬的外壳起初保护了它，但是经过滚水的沸腾之后，蛋壳内却改变了自己，变成了固体；倒是粉末似的咖啡却非常特别，在滚烫的热水中，它竟然改变了水。”

“你呢？我的女儿，你是什么？”父亲慈爱地摸着一时失去勇气的女儿的头,“当逆境来到你的门前,你作何反应呢？你是看似坚强的萝卜，但痛苦与逆境到来时却变得软弱，失去力量吗？或者你原本是一颗蛋，有着柔顺且容易随波逐流的心？又或者，你就像是咖啡，将那带来痛苦的沸水改变了，当它的温度升高到一百摄氏度时，水变成了美味的咖啡。如果你像咖啡，当逆境到来，一切不如意时，你就会变得更好，而且将外在的一切转变得更加令人欢喜，懂吗，我的宝贝女儿？你要让逆境摧残你？还是你来转变，让身边的一切人、事物都变得更美好、更善良？”

改变逆境的奥秘，在于把它看成通向真我的旅程，你失去的都是身上的灰尘，得到的是那尘封已久的璀璨夺目的心。

在每个人的内心深处，藏着一个最真实的自己。它最单纯，同时也最强大，一切风浪都无法触动它分毫。

来自剑桥的情商秘密

人的一生总会遇到各种各样的困境，该如何面对呢？

1. 调整好面对困境的态度。既然困难是客观存在的，无论我们选择什么样的态度都不可能改变这一事实，那么我们为什么不选择一种积极轻松的态度呢？

2. 改变思维，寻找出路。比如难题，你努力去找答案，解决了，你成功了，即便没有解决，你也会从努力寻找答案的过程中学到其他的东西。

3. 分解苦难。筹集 500 万有困难，那就分成 10 步完成，这样 500 万的困难就变成了 50 万的问题，50 万再困难，继续分解。

4. 锻炼自己的意志，培养自信心。在生活的点滴中多找机会锻炼自己的意志，养成良好的习惯，这样面对压力的时候就会变得很从容。

剑桥考考你

▼

根据逆境研究专家哈维·史托兹博士的研究（他将面对逆境的能力称为 AQ），判断一个人 AQ 的高低，可以从三个方面来自我检测：

1. 是否抱怨

碰到不如意的情况，AQ 低的人会怪东怪西，都是别人的错，害自己不能如愿，抱怨过后，心情往往更加沮丧，而问题依旧无解。AQ 高的人通常没时间抱怨，因为他们正忙着解决问题。所以请减少抱怨的时间，因为少一分时间抱怨，就多一分时间进步。

2. 能否看到优缺点

当挫折发生时，如果第一个念头是："完了，这下没救了。"那就很难逃脱悲观的诅咒。AQ 高的人的做法是，遇到状况，先问自己："现在有什么是可珍惜的？"在挫折中找优势，并把它转化成进步的助力。

3. 能否将当下的不幸，变成日后的"幸亏"

看待挫败，AQ 高的人清楚知道，一时的成败并不能定一生。只要保持乐观，赛翁失马焉知非福，AQ 高的人能将当下的不幸，变成日后回顾时的"幸亏"。

/ 第 3 节 /

成功的路上不会很拥挤，因为坚持的人不多

剑桥箴言

忍耐和坚持虽是痛苦的事情，但却能渐渐地为你带来好处。

世上没有什么东西能够代替坚持，才华不能代替它，那些有才华的人不能成功的实例太常见了；天赋不能代替它，“没有回报的天赋”都快成俗语了；接受教育也不能代替它，世界上到处都是接受过教育而不得志的人。单单是坚持不懈和决心就是无所不能的。“天天向上”的口号已经解决并且总是能够解决人类的难题。

苏格拉底是希腊的大哲学家，他要求学生每天做到甩臂 300 下。一个月后，90% 的学生都坚持做了。两个月后，半数的学生坚持做了。一年后，只有一名学生在坚持着做。这个学生就是希腊伟大的哲学家柏拉图，他又培养出堪称“西方孔夫子”的亚里士多德。

当爱迪生尝试了几千种材料后，他并不能确定手中握着的或是下一个就是自己要寻找的材料，但他依旧坚持着，于是他找到了钨丝，发明了电灯，给人类送来了光明。他成功了，然而，不是人人都能耐住寂寞去尝试几千种材料，因此，才不会发生人人都成为爱迪生的情况。事实上，成功与平庸只有一步之遥，那就是：坚持。

没有李时珍游历四方品尝百草的坚持，哪来《本草纲目》的详细与准确？没有达·芬奇对着鸡蛋临摹千百遍的坚持，哪来《蒙娜丽莎》的美丽与生动？他们坚持了，所以他们成功了，而那些轻言放弃的人，只能在失败的阴影里独尝一事无成的滋味。成功，从来都不是件容易的事。

所有的成功人士都会认为：他们只是努力地坚持了他们所坚持的事业。在关键的时候，常人选择了放弃，他们只是多坚持了那么一点点。

当你开始追求一个目标的时候，你的动力会时强时弱，就像海浪冲打礁石。有时候，你觉得充满动力，有时候你又不会这样。但是并不是你的空想决定了结果——而是你的行动。坚持不懈可以让你在失去动力的时候帮助你继续你的行动，就像某一次成绩的不理想，并不能打消你最终变得优秀的念头。

坚持不懈不是守旧和顽固不化，它来自于远见，让你觉得你必须去做任何事情去实现它。坚持不懈是一种信念，是走向成功的基石。

来自剑桥的情商秘密

坚持不懈的行动来源于坚持不懈的憧憬，只有当你坚定地知道自己要得到、想要追求的东西时，你才会有坚持下去的毅力。怎样做到坚持不懈呢？

1. 强化动机。崇高的目标带来崇高的行为，当你有了目标之后，就坚持一个目标去努力，而不需要时常去改变，或者删减，那样都会磨损自己的能力。

2. 从小事做起，锻炼大毅力。每个人都拥有坚持不懈的能力，这种能力与克服困难伴生。克服困难的过程，就是培养、增强坚持不懈能力的过程。

3. 培养兴趣能够激发毅力。兴趣是毅力的门槛，能让你感到其乐无穷的事情，自然有毅力干下去。

4. 由易入难，既可增强信心，又能锻炼毅力。在确定自己的奋斗目标、选择实现这一目标突破口时，一定要坚持从实际出发，由易入难的原则。

剑桥考考你

▼

去健身中心，你最先会玩哪一种运动呢？

A. 举重　B. 跑步机　C. 跳舞　D. 单车

测试说明：

A. 举重——坚持指数 90%

“永不言败”是你的格言，只要决定一件事情，达不到目标就绝不放弃。你很有毅力、耐性，认为只要肯努力，一定可以得到最后胜利。

B. 跑步机——坚持指数 50%

你会有完成目标的冲动，但坚持的力量则比较弱。

C. 跳舞——坚持指数 30%

你的心思非常缜密，认为有付出就会有回报，任何回报都会转化成你坚持的力量。不过，若不断地付出而得不到即时回报的话，你也会理性地就此打住，以往的毅力立刻冷却。

D. 单车——坚持指数 70%

你的坚持只是内在的坚持，只有自己知道，往往让身边人觉得你吊儿郎当。你会默默努力。建议适当时大胆一点，让别人看到你坚持的性格。

/ 第 4 节 /

信念可以免费获得，希望是奇迹的萌发点

剑桥箴言

人生的价值并不在于成功后的荣光，而在于追求的本身，在于信念的树立与坚持的过程。

信念这种东西任何人都可以免费获得，所有成功的人，最初都是从一个小小的信念开始的，信念是所有奇迹的萌发点。

罗尔斯是纽约历史上第一位黑人州长。从贫民窟的弃儿到州长，罗尔斯衷心感谢的是他小学时的校长——皮尔·保罗先生。

1961 年，皮尔·保罗担任诺必塔小学校长。一进校门，保罗就发现这儿的孩子生活得无所事事。他们旷课、斗殴，甚至砸烂教室的黑板。有一天，当衣着褴褛、满脸黑灰的罗尔斯，在逃了几节课后，从窗户钻进教室时，他发现校长正站在他的面前。他拍拍手，满不在乎地走回自己的位置。不料校长对他说："停一下，孩子。"然后校长仔细地端详了罗尔斯一会儿，非常认真地对他说，"我一看你修长的小拇指就知道，将来你是纽约州的州长。"说完转身离去。哄笑声中，罗尔斯大吃一惊，因为长这么大，只有他奶奶让他振奋过一次，说他可以成为五吨重的小船的船长。这一次，校长竟说他可以成为州长。但小罗尔斯记下了这句

话，并且相信了它。从那天起，他的衣服不再沾满泥土，说话时也不再夹杂污言秽语，走路腰杆也挺直了。他成了班长，不久又成为校学生会主席。然后他考上了大学。五十一岁那年，他真的成为纽约州州长。

在就职演说中，罗尔斯说："信念值多少钱？信念是不值钱的。它有时甚至是一个善意的欺骗，然而你一旦坚持下去，它就会迅速升值。"

信念造就的奇迹远不止让你成功那么简单，它甚至可以拯救一个人的生命。

一次地震时，有三个牧羊人正在羊圈的窑洞里守卫着羊群。在地动山摇的那一刻，他们在发出惊叫之后，离门口最近的那个人最先向外面逃窜，然后是第二个人，第三个人。但是，当第二个人被倒塌的土压倒时，第三个人也没能跑出去，而是连同厚厚的土同时压在前面那个人的身上。

最后那个人是幸运的，靠稀薄的、仅有的一点空气，他得到了短暂的生命。但是，那点空气显然不够他维持，他在死亡的边缘挣扎。这时，有一种坚强的信念在支撑他，那就是他以为第一个人一定成功地逃走了，并且，他很快会喊来救援人员。

他奋力地挣扎，奋力地用手刨着土，尽可能争取生还的机会。就这样，一直过了十几个钟头，在他已经奄奄一息之际，他听到了救援的脚步声，这时他已经没有喊叫的力气了。

他终于被人们救了出来。在他被挖出来的那一刻，他彻底失去了知觉。但他最终还是存活下来了。

医生说，在那样的空气中，能存活半个小时就已经是奇迹了。

人们问起他时，他说，他真的以为第一个人已经逃生了，他相信逃生的那个人一定会来救他。而实际上，第一个和第二个人都没有跑出来就死了。

这听起来像个奇迹，但却包含了成功的真谛：所有的成功者，都是自我品质提升的结果，而其动力，来源于他内心深处的某种信念。而信念，其实就是他对自身潜能的认可，是对自身价值的重新定位。

来自剑桥的情商秘密

坚定的信念能产生奇迹，能帮你从困境中找到希望，那么怎样做更能坚定信念呢？你可以这样做：

1. 拥有强烈的动机。强烈的动机就是拥有充分足够的理由。例如如果你要念上好大学，那就要有强烈的考上高分的理由，你不能认为考不考得上无所谓。

2. 主动果断地行动。成功与借口，永远不会住在同一个屋檐下。选择成功，就不能有借口。

3. 相信你能，或者你不能，你，都是对的。

4. 过去不等于未来。成功不是你跌倒了多少次，而是你最后一次有没有办法再站起来。

5. 凡事以最短的时间，采取最大量的行动。

6. 自我确认。反复认为自己是什么，自己就一定会成为什么。

剑桥考考你

▼

1. 和你学习能力相当的另一个同学得到了晋升，而你没有，你会：

A. 继续努力学习，希望用行动让别人看到你的能力；

B. 觉得不公平，反复想知道问题出在哪里；

C. 开始懈怠或者准备放弃。

2. 别人约你吃饭，但你却没有找到吃饭的地方，你会：

A. 自己问路；　B. 打电话给朋友；　C. 跟朋友约换一家吃。

3. 中午朋友邀你一起去一家没有去过的餐厅用餐，但你自己已经决定今天中午在哪里解决午餐，你会：

A. 依旧坚持自己的计划；　B. 在劝说下，和他们一起去；　C. 非常犹豫。

4. 到店里买东西，碰到了对你与对别的顾客态度截然不同的服务员，你会：

A. 不放在心上；　B. 与服务员提出；　C. 马上换另一家店购物。

5. 决定你买一样东西的最重要因素是：

A. 自己的体验；　B. 价格因素；　C. 口碑因素。

测试说明：

选 A 较多的属于“投机型”信念。不可否认，你很聪明，也很有决断力，是个可以做大事的人，只是过分的聪明让你心高气傲，看不起微小的事情，不屑于做基层的工作，好高骛远，如果有伯乐，你会是个人才，如果没有，只能孤芳自赏了。

选 B 较多的属于“摇摆型”信念。在遇到困难之前，你总是踌躇满志，但一旦遇到了挫折，你又会开始消沉，怀疑自己，怀疑自己计划的可行性，你的情绪受外界的影响太大了，别人的言语都会左右你，你需要更坚定自己的信念。

选 C 较多的属于“逃避型”信念。不管是生活、学习或者工作中，很少看到你能对困难和挑战去反抗，反而多得是逃避和自我欺骗，你的自信心也因此严重的缺乏，久而久之就是个恶性循环，希望你的朋友能给你多点积极的鼓励。

/ 第 5 节 /

如果方向错了，停止就是进步

剑桥箴言

正确的方向能节约你的时间，上帝给予每个人的时间都是一样的，并非每个成功的人比别人多几个小时，关键在于要善于找到正确的方向。

人生总是会遇到各种各样的选择，所以埋头努力，不在乎方向选择的人，最终逃脱不了失败者的命运。所以有些时候，停下匆忙的脚步，看看自己的选择是否正确就显得尤为重要了。因为："方向错了，停下就是进步。"

如果穿衬衣的时候，我们把第一颗纽扣扣错了，那么下面的扣子肯定会跟着出错。在人生的众多选择中，如果我们前进的方向没有选对，那么不管我们有多么勤劳和努力，最终的结果也是白费的。你付出的努力越多，那么你就越偏离你想要达到的方向。

在非洲撒哈拉沙漠中有一个叫比塞尔的村庄，它靠在一块 15 平方公里的绿洲旁，从这里走出沙漠一般需要三昼夜的时间。可是在肯·莱文 1926 年发现它之前，世世代代的比塞尔人始终未能走出过这片沙漠。

原来比塞尔人一直不认识北斗星，在茫茫大漠中，没有方向的他们只能凭感觉向前走。然而，在一望无际的沙漠中，一个人若是没有固定方向的指引，他会走出许许多多大小不一的圆圈，最终回到他起步的地方。但是自从肯·莱文发现这个村庄之后，他便把识别北斗星的方法教给了当地的居民，比塞尔人也相继走出了他们世代相守的沙漠。如今的比塞尔已经成了一个旅游胜地，每一个到达比塞尔的人都会发现一座纪念碑，碑上刻着一行醒目大字："新生活是从选定方向开始的。"

一个人要想成就一番事业，就应该有一个明确的奋斗方向。沙漠中没有方向的人只能徒劳地转着一个又一个圈子，生活中没有目标的人只能无聊地重复着自己平庸的生活。对沙漠中的人来说，新生活是从选定方向开始的；而对现实中的人来说，新生活是从确定目标开始的。

剑桥大学生物学博士卡罗尔·布莱维克曾经做过一个有趣的实验：把一些蜜蜂和苍蝇同时放进一只玻璃瓶里，使瓶底对着光亮处，瓶口对着暗处。结果，那些蜜蜂拼命地朝着光亮处挣扎，最终气力衰竭而死，而乱窜的苍蝇竟都溜出细口瓶颈逃生。

年轻的人们更应该看清方向，因为你比别人更容易冲动，更容易陷入错误的选择中不能自拔。人生作为一个过程，需要拿出心中的罗盘，找准自己的方向，找到一条适合自己走的路。只有选对了方向，才不会让努力白费。

来自剑桥的情商秘密

人生是由一个个选择组合而成的，如何才能做出相对正确的选择呢？

1. 分析优点和缺点。把优点、缺点因素列出来，把一张纸分成两栏，分别列上积极原因和消极的原因。最终，只要选择项目多的一边就可以了。

这种方法的缺点是没有将各因素的重要性考虑在内。如优势是你将会赚到很多钱，劣势就是你手指上会扎个小刺，两者相互之间是没办法抵消的。

2. 多问几次为什么。对自己的选择进行反问，并找到选择的理由，通过多问几次为什么，来支持自己的选择，让选择更充分、更坚定。

3. 跟着你的直觉走。那些即使缺少信息而快速做出决策的人，往往比起那些做了很多研究，仔细考量选择轻重的那些人对于自己所做决策更满意。

剑桥考考你

▼

六个问题，测试你是否有选择恐惧症：

1. 每日你会在穿衣服上下功夫吗，你会选择很多件试穿吗？

2. 每日中午饭时，你会选择吃什么吗，而且会很烦到底吃什么？

3. 每日你会纠结怎样把事情做得更好吗，会很纠结地去选择什么方法以及选择什么态度去面对同学、老师、朋友吗？

4. 当你遇见困难的时候，你会逃避解决它吗，会很纠结地去选择解决方法？

5. 每天空余时间，你有过去哪里消遣的纠结问题吗？你会选择和谁去玩，或者会选择去哪儿玩的问题吗？

6. 你经常会为人生而纠结吗？常常质疑自己，到底该做什么样的工作，做一个什么样的人？

测试说明：

如果有 2 个及以下肯定答案，你属正常情况；

如果有 3—4 个肯定答案，你是中度选择恐惧症；

如果有 5—6 个肯定答案，你则是一个严重选择恐惧症患者。

/ 第 6 节 /

生活得快乐，是对生命的最好回应

剑桥箴言

要想领导你的世界，首先要征服你的悲观。

被人误解的时候能微微一笑是素养；受委屈的时候能坦然一笑是大度；吃亏的时候能开心一笑是豁达；无奈的时候能达观一笑是境界；危难的时候能泰然一笑是大气；被轻蔑的时候能平静一笑是自信；失恋的时候能轻轻一笑是洒脱。

一个盲人，小时候深为自己的缺陷烦恼沮丧，认定这是老天在惩罚他，自己这一辈子算完了。后来一位教师开导他说："世上每个人都是被上帝咬过一口的苹果，都是有缺陷的人。有的人缺陷比较大，是因为上帝特别喜爱他的芬芳。"他很受鼓舞，从此把失明看作是上帝的特殊钟爱，开始振作起来，向命运挑战。若干年后，他成了一个著名的盲人推拿师，为许多人解除了病痛，他的事迹被写进当地的小学课本。

世界文化史上有著名的三大天才，文学家弥尔顿是盲人，大音乐家贝多芬是聋人，天才的小提琴演奏家帕格尼尼是哑巴，如果用"上帝咬苹果"的理论来推理，他们也都是由于上帝特别喜爱，狠狠地咬了一大口的缘故。

就说帕格尼尼吧，4 岁时出麻疹，险些丧命；7 岁时患肺炎，又几近夭折；46 岁时牙齿全部掉光；47 岁时视力急剧下降，几乎失明；50 岁时又成了哑巴。上帝这一口咬得太重了，可是也造就了一个天才的小提琴家。帕格尼尼 3 岁学琴，即显天分；8 岁时已小有名气；12 岁时举办首次音乐会，即大获成功。之后，他的琴声几乎遍及世界，拥有无数的崇拜者，他在与病痛的搏斗中，用独特的指法弓法和充满魔力的旋律征服了整个世界。著名音乐评论家勃拉兹称他是“操琴弓的魔术师”，歌德评价他“在琴弦上展现了火一样的灵魂”。有人说，上帝像精明的生意人，给你一分天才，就搭配几倍于天才的苦难。这话真不假。

上帝很馋，见谁咬谁，所以，人都是有缺陷的，有与生俱来的，有后天形成的。既然无法抗拒，又难以弥补，就只有“既‘咬’之，则安之”，从容应对。你咬你的，我活我的，不屈服于命运的摆布，像贝多芬那样，扼住命运的咽喉，或者干脆学学尼采，公开宣布：上帝死了！

上帝又吝啬得很，决不肯把所有的好处都给一个人，给了你美貌，就不肯给你智慧；给了你金钱，就不肯给你健康；给了你天才，就一定要搭配些许的苦难……当你遇到这些不如意时，不必怨天尤人，更不能自暴自弃，顶好的办法，就是像那个老师那样去自励自慰；我们都是被上帝咬过的苹果，只不过上帝特别喜欢我，所以咬的这一口更大罢了。

做一个乐观主义者吧，乐观者在遭遇人生的不幸时常安慰自己：“这一切终究会过去！”悲观者身临困境时常唉声叹气：“这一切怎么还不过去？”

年纪轻轻的你拥有无限可能的将来，本该是乐观、积极向上的，即便遇到了不顺心的事，也要生活得快乐，只有这样，才是对美好生命的最好回应。

来自剑桥的情商秘密

保持乐观可以这样做：

1. 加强人际交往。良好的人际关系，本身就会使一个人乐观愉快。孤僻的人，不善交往的人，他们不快乐，因为他们缺乏与人的沟通，不能理解和信任别人，他们缺少友谊。当他们有苦恼时，没处诉说，于是只好憋在心里，从而就会感到不快乐。

2. 多参加有益的娱乐活动。通过参加这些活动,能陶冶自己的情操，使自己遇到不顺心事而苦闷时，能转移心情和注意力。

3. 学会爱别人，积极去帮助他人。时常主动去帮助他人，一方面能得到他人的感激和肯定。另一方面，也能体现自己的价值，别人也愿与你交往，这时，你即会感到自己是一个快乐的人。

4. 对人要宽容。在生活中，难免会磕磕碰碰，遇到这样的事，人要宽容，大事化小，小事化了。对于你的宽容，大多数人是会接受，并与你同行。

5. 要正确、辩证地看待生活。生活充满了五颜六色，说的是生活满是酸、甜、苦、辣，既有甜蜜的部分，也有令人苦恼的部分。就是因为什么生活都体验过，所以生活才有意义。

6. 知足而乐，苦时忆甜。知足能减少很多内心的挣扎，当自己苦恼时，还可去想高兴的事，做高兴的事，这是移情的作用。

剑桥考考你

▼

想知道自己是不是一个乐观的人吗？请用“是”或“否”来回答下列问题。

1. 如果半夜里听到有人敲门，你会认为那是坏消息，或有麻烦发生吗?

2. 你随身带着安全别针和一条绳子，以防万一衣服或别的东西裂开吗?

3. 你曾梦想过赢了彩券或继承一大笔遗产吗?

4. 出门的时候，你经常带着一把伞吗?

5. 你觉得大部分人都很诚实吗?

6 对于新计划，你总是非常热衷吗?

7. 当朋友表示一定奉还时，你会答应借钱给他吗?

8. 大家计划去野餐或烤肉时，如果下雨，你仍会照原订计划准备吗?

9. 在一般情况下，你信任别人吗?

10. 如果和朋友有约，你会提早出门，以防塞车或别的状况发生吗?

11. 如果医生叫你做一次身体检查，你会怀疑自己可能有病吗?

12. 每天早晨起床时，你会期待又是美好一天的开始吗?

13. 收到意外的来函或包裹时，你会特别开心吗?

14. 你会随心所欲地花钱，等花完以后再发愁吗?

15. 上飞机前，你会买旅行保险吗?

16. 你对未来的 12 个月充满希望吗?

测试说明：

回答一个“是”得 1 分，“否”得 0 分。

0—3 分。你是个标准的悲观主义者，看人生总是看到不好的那一面。

4—9 分。你对人生的态度比较正常。不过，你仍可以再进一步，只要你学会怎样以积极和乐观的态度来应付人生中无法避免的起伏情况。

10—16 分。是标准的乐观主义者，总是看到人生好的一面，将失望和困难摆到旁边去。

/ 第 7 节 /

鸟儿想飞，然后才有了翅膀

剑桥箴言

如果一个人不知道他要驶向哪个码头，那么任何风都不会是顺风。

梦想是一个说出来就显得矫情的东西，它是生在暗地里的一颗种子，只有破土而出，拔节而长，终有一日开出花来，才能正大光明地让所有人都知道。在此之前，除了坚持，别无选择。

有个叫布罗迪的英国教师，在整理阁楼上的旧物时，发现了一沓作文簿，它们是皮特金中学 B（2）班 51 位孩子的春季作文，题目叫《未来我是……》。他本以为这些东西在德军空袭伦敦时被炸飞了，没想到它们竟安然地躺在自己家里，并且一躺就是 25 年。

布罗迪随手翻了几页，很快被孩子们千奇百怪的自我设计迷住了。例如：有个叫杰克的学生说，未来的他是海军大臣，因为有一次他在海中游泳，喝了 3 升海水，都没能淹死；还有一个叫亨瑞的学生说，自己将来必定是法国的总统，因为他能背出 25 个法国城市的名字，而同班的其他同学最多的只能背出 7 个，最让人称奇的，是一个叫戴维的盲学生，他认为，将来他必定是英国的一个内阁大臣，因为在英国还没有一个盲人进入内阁。总之，31 个孩子都在作文中描绘了自己的未来。

布罗迪读着这些作文，突然有一种冲动——何不把这些本子重新发到同学们手中，让他们看看现在的自己是否实现了 25 年前的梦想。当地一家报纸得知他这一想法，为他发了一则启事。没几天，书信向布罗迪飞来。他们中间有商人、有学者及政府官员，更多的是没有身份的人，他们都表示，很想知道儿时的梦想，并且很想得到那本作文簿，布罗迪按地址一一给他们寄去。

一年后，布罗迪身边仅剩下一个作文簿没人索要。他想，这个叫戴维的人也许死了。毕竟 25 年了，25 年间是什么事都会发生的。

就在布罗迪准备把这个本子送给一家私人收藏馆时，他收到内阁教育大臣布伦克特的一封信。他在信中说，“那个叫戴维的就是我，感谢您还为我们保存着儿时的梦想。不过我已经不需要那个本子了。因为从那时起，我的梦想就一直在我的脑子里，我没有一天放弃过。25 年过去了，可以说我已经实现了那个梦想。今天，我还想通过这封信告诉我其他的 30 位同学，只要不让年轻时梦想随光阴飘逝，成功总有一天会属于你。”他用自己的行动证明了：假如谁能把 15 岁时想当总统的愿望保持 25 年，那么他现在一定已经是总统了。

希望就是如此给人信念与信心。它让我们感受到生活的美好，让我们热爱生活。希望激励我们向着一切美好前行。排除路上的一切障碍，心中长存希望，是自我激励的一个好方法。

来自剑桥的情商秘密

每个人都要为梦想而努力，但真正实现自己梦想的人却不多。要实现自己的梦想，你先要考证自己的梦想：

一是现实性。一个人的理想总是建立现实基础之上的。理想不可能立马可见，也不应虚无缥缈，而是通过努力逐步可以变成现实的东西。

二是期限性。没有期限的理想是空洞的理想。理想一般可以分为近期、中期和远期理想。人们往往比较注重近期理想，而忽视中期和远期理想。

在明确了梦想的基础上，你为了实现自己的理想，还应该这样做：

首先，要坚定信念。梦想一旦确立了，就应当坚定信念。排除一切困难和干扰，坚定不移地朝着理想的目标去努力奋斗。

第二，做好攻克难题的心理准备。梦想的路上总是存在着各种艰难险阻，包括客观的、主观的，外部的、内在的来自各方面的困难和问题。

第三，要运用科学手段和方法。要充分考虑理想目标涉及的方方面面。有针对性地采取有效对策和措施。只有这样，才能事半功倍。

最后，要善于面对失败。在失败的情况下，不能气馁，要对胜利充满信心，调整目标，不断前进！

剑桥考考你

▼

一个人的梦想决定了一个人的未来，那么你了解你的梦想吗？你可以尝试问自己以下四个问题，然后和你的父母、朋友、同学进行交流。

1. 你的梦想是什么？它需要多久能实现？

2. 你选择的梦想是基于哪些因素？它对于你而言，有何意义呢？

3. 你为你的梦想做了哪些准备？你将会为之做哪些努力？

4. 你觉得实现你的梦想，将会遇到怎样的难题？

/ 第 8 节 /

再也没有比“自认是有用之才”更有力的肯定

剑桥箴言

自信的人不怀疑别人，别人也相信他；不相信自己的人也很难相信别人，别人也同样不信任他。

它是雨滴，不因从云端落下，和着泥水，就失去高傲的心情；它是花朵，不因一年一度的凋谢，就顾影自怜，不再展示美丽和芬芳；它是蝴蝶，不因失去美丽的翅膀，而黯然神伤，放弃飞翔的梦想。它是什么？是自信。

自信心，是一种相信自己的心态，是相信自己，是相信自己有能力实现自己的愿望的心态，是对自己力量的充分肯定。在这个竞争激烈的社会上，我们要不被淘汰，就一定要具备成功的心理素质——自信。

著名的交响乐指挥家小泽征尔，在一次世界优秀指挥家大赛中，他按照评委给他的乐谱指挥演奏时，敏锐地发现了不和谐的声音。起初，他以为是乐队演奏出了问题，就停下来重新演奏，但还是不对。他就觉得是乐谱有问题。这时，在场的作曲家和应约的权威人士都坚持说乐谱绝对没有问题，是他错了。面对一大批音乐大师和权威人士，最后斩钉截铁地说：“不，一定是乐谱错了！”话音刚落，评委席上的评委立即站起来报以热烈的掌声，祝贺他大赛夺魁。原来，这是评委们精心设计的“圈套”。小泽征尔因为充满自信而摘取了桂冠。

这个故事让我们看到了自信的重要性，自信是成功者必备的条件，可以说只有自信，才能成功！

与自信相对应的是自卑。自卑和自信同时存在于我们的心中，自卑是一种病，发作起来就像感冒，咳嗽、流鼻涕，看起来不大美；而自信则是在赶走了自卑以后挖掘出来的一种信心，自信的人都是美丽健康的人，这种美丽和健康由内而外。

自卑是人生最大的跨栏，每个人都必须成功跨越并找到自信，才能到达人生的巅峰。

当你还是孩童的时候，自卑这个神秘的怪物就已经跟随着你，一步一步地侵蚀你的勇气和信心，你会忧虑同伴看不起你，存心隔离你、孤立你。

当你读书的时候，你会怀疑自己的能力，总觉得自己的能力略逊一筹，虽经不懈努力，成绩还是不能拔尖，于是你就自暴自弃，放任自由，你开始害怕见到老师，在同学面前你抬不起头，渐渐地你变得孤独、不合群。

自卑会控制我们的生活，在我们有所决定、有所取舍的时候，向我们勒索着勇气与胆略；当我们碰到困难的时候，自卑会站在我们的背后大声地吓唬我们；当我们要大踏步向前迈进的时候，自卑会拉住我们的衣袖，叫我们小心地雷。一次偶然的挫败就会令你垂头丧气，一蹶不振，将自己的一切否定，你会觉得自己一无是处，窝囊至极，你会掉进自责自罪的旋涡。自卑就像蛀虫一样啃噬着你的人格，它是你走向成功的绊脚石，它是快乐生活的拦路虎。

所以，请年轻的你一定要自信起来。因为自信可以释放人的各种力量：胆大、英勇、坦诚、开朗、乐观、豁达、谦虚、热情，自信的人热爱生活、无所畏惧，自信的人敢于接受自己的缺点，看问题较客观，较易接受现实，对自己较负责，较易控制自己的情绪，自信的人更富同情心，也更具爱的能力，人际关系不会太紧张。诚如剑桥大学副院长迈克尔·迪伦所说："世界上再也没有比自认是有用之才更有力的肯定了。"

来自剑桥的情商秘密

自信是成功的第一秘诀，拥有自信就拥有无限机会。那么如何增强自信呢？

1. 关注自己的优点。在纸上列出 10 个优点，不论是哪方面，在从事各种活动时，想想这些优点，并告诉自己有什么优点。

2. 与自信的人多接触。"近朱者赤，近墨者黑"这一点对增强自信同样有效。

3. 自我心理暗示，不断对自己进行正面心理强化，避免对自己进行负面强化。一旦自己有所进步就对自己说："我能行！""我很棒！""我能做得更好！"等等。

4. 树立自信的外部形象。保持整洁、得体的仪表、举止自信、注意锻炼、保持健美的体形对增强自信也很有帮助。

5. 不可谦虚过度。谦虚是必要的，但不可过度，过分贬低自己对自信心的培养是极为不利的。

6. 学会微笑。微笑会增加幸福感，进而增强自信。

7. 做好充分准备。从事某项活动前如果能做好充分准备，那么，在从事这项活动时，必然较为自信，而且这利于顺利完成活动并增强整体自信心。

8. 排除压力。过重的压力会使自己意志消沉，对自身产生怀疑，从而破坏自信心，学会排除压力对保持原有自信帮助很大。

剑桥考考你

▼

这是剑桥大学心理测试之“你的自信在哪里”：

在一个房间里，你会在墙上挂什么？

A. 画　B. 照片　C. 年历月历　D. 挂钟

测试说明：

选择A，你是重视情调的人，亲情与友情深深包围着你。你最大的自信，来自于好好安排自己的生活，过一个有品位的人生。但是生活一旦被人际关系困扰，常使你受严重打击，因为在感情的世界里，你是理想主义者。

选择B，你的自信来自于别人对你的肯定。你认为要在良好的人际关系中维护自尊，衣着非常重要。别人对你投射赞赏的眼光，会使你充满自信，当然良好的家庭背景、高学历等，也是你所重视的，因此你是比较传统守旧，却又追求时尚流行的人。

选择C，你有很多雄心壮志，深具野心要完成许多梦想，因为自信来自于能力表现，是苦干型的人。为达到速效，使行为举止不修边幅，看来有些粗鲁，十分冲动。因为你太过于实际而不懂掩饰野心，常使人认为你是贪心、势利又无趣的人。

选择D，你的自信来自于效率，花许多心思计划和安排，因此当你采取行动时，已有相当成熟的计划。你是很好的策略性人物，尤其对重要事件，从来都不马虎，即使是参加重要聚会，也会仔细考虑穿着，但建议别太过劳心。

第四堂课

情绪识别

读懂他人情绪的含义，听懂潜台词

/ 第 1 节 /

擅于捕捉他人的弦外之音

剑桥箴言

聪明的人，根据经验说话；更聪明的人，根据经验不说话。

俗话说，明人不说暗话，但是在社交当中，说暗语已经成了“潜规则”。很多人的特点是含蓄，特别是在讲话的时候，要表达什么意图不会直接说出，会迂回委婉地讲出。听话人需要细心领悟与揣摩，听不出“弦外之音”的人会被视为智力低下的愚蠢之人。

当与你的团队领导、长辈谈话时更要注意，他们的语言是最具揣摩性的。比如你刚考入一所新学校不久，老师找你谈话：“你到这里还没多久，之前成绩还不错，想过更进一步吗？”很轻松的一句话却含有老师特殊的意图，他是在考察你的学习心态，看你有没有理想和足够的拼劲。

如果别人是在炫耀他那光荣的过去，这时候你就要留心了，因为此时他心里正在期待着你的夸奖。所以，只要是认为值得或应该夸奖的，你不妨就夸奖他一下。当对方在显示他的博学或机智的时候也是一样，你也应该夸奖他，这样你一定能获得他的好感。

如果别人向你讲述着另外一个人的是非，你千万不可随声附和，也不要直接打断对方的话，你可以间接地将话题引开。要懂得闲谈少论他人是非，更要听出他言语的暗含之意。他向你说一个人的过错，不是攻击他，就是挑拨你与那人的关系，你要灵敏一些，不要被对方的言语蒙蔽。

所以，在谈话当中，你要学会听出讥讽、嘲笑、挖苦之类的特殊语。对方之所以会向你说这种话，一定是因为对你感到不满才会这样的。遇到这种情况，你不要立刻反驳或一味生气，最好拿出自己的宰相度量，权当没听见，免得和对方发生不必要的冲突。不过，事后最好能自己检讨一下，为什么他会讥讽你？是你自己做错了事情，无意中得罪了他，引起他对你的不满？还是对方无中生有来打趣你呢？考虑过各种情况，明白原因之后再做出恰当的回复。如果真的是自己做错了事，对方已为你指出，你该及时纠正自己的行为，庆幸自己“因祸得福”了。

来自剑桥的情商秘密

捕捉弦外之音是一项必修课，你该怎么捕捉呢？

第一，由话题知情绪。人们常常将情绪从一个话题里不自觉地呈现出来，比如有人喜欢谈论学习，那是因为学习是他的优势；有人喜欢说别人是非，那么他本身就是个是非之人。

第二，措辞的习惯流露出的情绪“秘密”。语言表明一个人的身份、内涵、修养，还有情绪。使用第一人称单数（我）的人，独立心和自主性强，常用第一人称复数（我们）的人多见于缺乏个性，随声附和型的人。

第三，说话方式反映真实想法。

1. 说话快慢。如果对于某人心怀不满，或者持有敌意态度时，许多人的说话速度都变得迟缓，而且稍有木讷的感觉。如果有愧于心或者说谎时，说话的速度自然就会快起来。

2. 说话音调。从音调的抑扬顿挫中可以看破对方心理情绪。当两个人意见相左时，一个人提高说话的音调，即表示他想压倒对方。

第四，擅于倾听是理解“弦外之音”的关键。谈话是由说话者与听话者组成，如果一个人很认真地听话，他大致会正襟危坐，视线也一直瞪着对方。反之，他的视线必然会散乱，身体也可能在倾斜或乱动，这是他情绪厌烦的表现。

剑桥考考你

▼

你是一个善于捕捉弦外之音的人吗？尝试回答以下问题：

1. 当对方谈话的语气突然改变时，你是否留意对方有话外之意？
2. 对方的个别音调加重时，是否揣摩对方有其他的意图？
3. 当对方故意做出暗示的肢体动作时，你是否明白他的意思？
4. 当对方突然停止谈话，你是否领会对方的用意？
5. 当对方将一句话重复着说时，你是否意识到可能有弦外之音？
6. 谈话结束时，对方的特殊举止是否让你揣摩？
7. 聚会结束前，对方最后的几句话，你是否特别留心过？
8. 对方想插话，欲言又止，你是否推断出他想说什么？
9. 当你不经意的言语引起对方的注意时，你是否做过事后的猜测？
10. 对方欲言又止时，你是否有过追问的尝试？

测试说明：

选择“是”得 1 分，选择“否”不得分。

8—10 分。说明你是一个出色的倾听者，很擅长于捕捉弦外之音。

5—7 分。说明你在多数情况下，擅于捕捉弦外之音。

0—4 分。你不是一个合格的“听众”。

/ 第 2 节 /

别人脸上的表情，是他情绪的晴雨表

剑桥箴言

酸甜苦辣都在口中，滋味却在心底；喜怒哀乐都在脸上，情绪却在别人的眼睛里。

表情是心灵的镜子，是情绪的晴雨表。通过表情，可以观察到与我们交谈的人言语之外的反应。眉飞色舞、笑逐颜开，标志着谈话气氛非常融洽；怒目而视、左顾右盼，则说明谈话没有找到路径。

如果让一个天真质朴的儿童来画一个人，无论他画的是“火星人”还是“章鱼人”或是其他什么“怪诞”的人，他一定会先画出脸，尽管他可能会画出没有脖子的人，但是绝对不会画出没有脸的人。可见，一个人的脸色有多么重要。

在社交活动中，脸色主要是指人的表情。一些细微的表情变化，也可以提示我们对方是否对话题感兴趣，是否愿意继续下去。比如，眼神的朝向可以提示对方是在倾听、思考还是漠不关心，嘴唇紧闭提示对方要下决心，青筋暴露说明对方马上就要发怒，该采取应急的措施了。

由于脸部的肌肉比身体上其他部位的肌肉发达，所以，随着不同的感情变化，面部表情的变化就很显著，特别是眼睛与口周围的肌肉更发达，剑桥大学在研究大脑皮质的运动时发现，脸部与手的活动比其他部位灵敏。

某种情绪的出现，会带来表情的变化，这使我们理解到，感情的表现跟脸部的肌肉活动是息息相关的。彼此发生冲突时，会产生与平时不一样的表情：眉毛下垂、眉头皱起、牙齿虽然未露出来，嘴唇却紧绷着，微微向前突出，头和下腭挑衅地向前挺出，和对方怒目相视，在这种情况之下，彼此都牢牢地盯着对方，如果避开目光，就意味着失败或害怕。

如果表达震惊的情感，嘴会不由自主地张开，下腭的肌肉会放松，下腭下垂；如果对某件事情发生了兴趣，会不由自主地张开嘴巴，眼睛下的每一条面部肌肉都放松了，有时甚至会伸出舌头来。

由于面部表情由面部肌肉的活动形成，肌肉活动会在脸上形成各种表征，比如皱纹等。久而久之，这些表征就会刻记下来，成为永久的表情，这些永久的表情会向外界透露出他的情绪和性格。

受面部肌肉控制的表情还包括眉毛、下腭、嘴唇等。不愉快或迷惑可以借助皱眉来表达，嫉妒或不信任时会扬起眉毛，想采取敌对的态度时则绷紧下腭肌肉，不仅如此，嘴唇也紧紧闭上，并且斜目瞪视，这表示他摆出一种防卫姿态，而且尽量不再说话或做出其他反应。

来自剑桥的情商秘密

剑桥大学认为，表情是灵魂的外在表现，是识别他人情绪的渠道。这种渠道主要体现在三个方面：

第一，通过表情看他人心态。表情会因很多因素的不同而有差异，比如，性别、年龄、文化等。但是，一般来说，单一的表情还是容易判断的，比如心态好的人往往面带笑意，或者表情自然平和；心态差的人常常双眉紧锁。

第二，通过表情推断他人性格。不同性格的人，在同一情绪下的表情可能不同：遇到高兴的事情时，开朗的人可能开怀大笑，一个腼腆的人则可能仅仅抿嘴笑笑，而一个抑郁的人可能只露出一丝苦笑。经常面带笑容、面部肌肉自然放松的人，他的心态一般比较稳定、平静、开朗；而经常愁眉苦脸、面部肌肉紧张的人，他的心态往往不太稳定，可能心胸狭窄、脾气暴躁。

第三，通过表情去伪存真。因为多数表情是生理性的，可以不受意志支配，当一个人想隐瞒真相时，就会使有声语言偏离真实的意图。但是，这时候表情就可能背叛他，把被有声语言掩盖的事实揭露出来。比如，有的人在谈论自称是让他快乐的事情时，脸上露着欣慰的笑。但如果他的感受是假的，很可能会有一种别的什么表情飞快地掠过脸上。

剑桥考考你

▼

你是一个善于看脸色的人吗？请尝试回答以下几个问题：

1. 当某个好朋友突然情绪低落时，你会怎么做？

2. 别人脸上带着不耐烦的情绪时，你会跟着一起不耐烦，还是讲一些让他放松下来的事情呢？

3. 遇到愤怒的人，你是沉默，还是跟他对着来，又或者将本来要讲的事情藏起来？

4. 你身边有乐天派吗？你发现他的朋友偏多，还是偏少？

/ 第 3 节 /

眼睛是心灵的窗户，眼神是情绪的报幕员

剑桥箴言

眼睛说话的真实和雄辩，远胜于言语。

人们常说，眼睛是心灵的窗口，透过一个人的眼睛，可以看出此刻他在想什么。常见有人怀疑对方说谎话时，对他说："看着我的眼睛！"此时若对方没说假话，就会迎着挑衅者的目光看过去。反之就会目光躲闪，或干脆眼观别处，不予回答。因为一个人的眼睛不能掩盖心里的虚假念头。为人正直，眼神就清澈、明亮；心胸不正，眼睛就昏暗，有闪烁躲避。可见，从一个人的跟睛，可以清清楚楚地分辨一个人的品质高下，心术正邪。

眼睛是心灵的窗户，要想真正的理解他人的内心情绪，必须读懂对方的眼神。谈话时对方与你最直接的交流除话语之外，就是眼神。说话者想让你认真听他讲话，就一定用眼睛注视着你，而你认真聆听时也会专注地注视着说话人。这时，眼神不仅仅是一种生物反应，更是读取他人内心的渠道。

剑桥大学哈里斯·莫奈教授曾做过这样一个实验：他让患有强度"自闭症"的儿童与陌生的成年人见面，以观测该儿童面对成年人眼睛的时

间；成年人的眼睛分蒙起来与不蒙起来的两种情况。当理查·科斯将两种情况下所得的实验结果相比较时，发现儿童注视前者的时间，居然是后者的 3 倍。这就是说，双方眼光一接触，儿童会立刻移开视线。由此可知，性格内向的人，大都无法一直注视对方；而外向的人则相反。

如果和别人谈话时，听话人不停地转移视线，不住地看其他东西，表明听话人对说话人的话题不感兴趣；如果对方带着善意的微笑，目光不时和你的视线相会合，则表示他对你说的话很感兴趣，期待你继续讲下去。

医学研究发现：眼睛是大脑在眼眶里的延伸，眼球底部有三级神经元，就像大脑皮质细胞一样，具有综合分析能力。所以，眼睛在人的五种感觉器官中是最敏锐的,大概占感觉领域的 70% 以上。而瞳孔的变化，眼珠转动的速度和方向等活动，又直接受脑神经的支配，再加上眼皮的张合，眼与头部动作的配合等一系列动作，人的感情就自然而然从眼睛中反映出来，而且它所流露出的信息比言行更为真实。

在一般情况下，人们很难彻底隐瞒心事，即使有人摆出一副无表情的脸孔,但刻意的做作并不能维持长久。只要你密切注意他视线的变化，就能发现他心底的秘密。

来自剑桥的情商秘密

剑桥大学道格拉斯博士说，仔细观察谈话者的视线，会有许多有趣发现。这种有趣主要体现在以下两个方面。

一、看视线。

1. 视线朝下是怯弱的证明。一般而言，视线略为朝下或一接触对方的眼睛就悄然地移开视线，是认为在年龄上或社会地位上，对方位于高位或认定其为强悍之人时，因而在谈话时多半会带有一种紧张感。在这种场合，手、脚的动作或坐的方式。无形中会显得别扭，这种人多半是属于温和而内向的性格。

2. 视线往左右岔开是拒绝的表示。眼神往左或右岔开，有时表示排斥的心理或下意识中对对方不怀好感的象征。

3. 笔直的视线是敌对的表示。牢牢地盯住某一点而凝视不动的眼神，具有非常深刻的意义。当受到严重的打击或带着强烈的敌对心理时，往往会出现这样的眼神。

4. 焦点不定是情绪不安定的表现。精神错乱或失去安定感抑或心不在焉时，会出现茫然呆滞的眼神。而对他人的谈话毫不关心时也会出现这种眼神。

5. 朝上的视线是自信的表现。谈话时视线略为上扬的人，通常对自己的地位或能力充满自信，性格也属于外向而强悍的类型，政治家通常会表现出这种视线。

二、看瞳孔。

观察他人瞳孔的变化也是一种“有趣”的识人能力。看到很喜欢的人或事物，瞳孔会异常增大；看到不喜欢的人或事物，瞳孔则会缩小，甚至会缩到针眼那么细小。

除了视觉刺激，其他感官接受的刺激也可以引起瞳孔的变化。当人聆听心爱的音乐时，或用舌头品尝美味食品时，包括恐怖、紧张、愤怒、喜爱、疼痛时，瞳孔同样会出现扩大反应。厌恶、疲倦、烦恼时瞳孔则会缩小。

另一方面，作为倾听者，你不但要观察谈话对方的眼神变化，还要注意自己的眼神表情：

1. 目光要不断地与谈话人的目光会合。

2. 当对方说到关键时刻时要目不转睛地看着对方。

3. 当对方说得很精彩时，要以赞扬的目光向对方示意。

4. 当对方难为情时，要用理解、宽容的目光来缓解对方的压力。

5. 当对方的观点你很赞成时，要用肯定的目光伴随点头的动作，给对方以鼓励。

6. 当对方突然提起你很感兴趣的话题时，要用新奇、期待的目光示意对方说下去。

7. 对方的话语幽默风趣，你要以欣悦的目光伴随笑声给对方以回应。

8. 对方谈及他自己的悲伤与痛苦之事时，要以同情的目光给对方以安慰。

9. 当你对对方的话题毫无兴趣时，转移目光提示对方改换话题，或自己主动岔开话题。

10. 谈话结束时无论谈的效果如何都要微笑以友好示意对方。利用好眼神的作用，会给对方留下深刻的印象。用眼神去倾听话语，用眼神去与对方的眼神交流，不但能增强谈话的效果，还会促进双方的感情，让对方感到与你谈话不但是语言的交流，更是心灵的对话。

剑桥考考你

▼

你想读懂眼神里面的秘密吗？那么请尝试去领悟以下十种情形。

1. 眼睛闪闪发光：表明对方精神焕发，是个有精力的人，对会谈很感兴趣。

2. 目光呆滞黯然：说明这是个没有斗志而索然无味的人。

3. 目光飘忽不定：表示这是个三心二意或拿不定主意抑或紧张不安的人。

4. 目光忽明忽暗：说明他是个工于心计的人，如果此时他正在与人谈话则表明他已经听得不耐烦了。

5. 目光炯然：表明这是个有胆识的正直的人。

6. 主动与人交换视线：说明他的心地坦率。

7. 不敢正视或总是回避别人的视线：表明此人内心紧张不定或言不由衷，有所隐藏。

8. 两眼安详沉稳：说明他内心沉稳有主见。

9. 两目敏锐犀利，生机勃勃：是有朝气，锋芒外露，是有胆识之人，如射击者瞄准目标，一发中的。

10. 谈话时，对方完全不看你：说明他对你不感兴趣或无亲近感。

/ 第 4 节 /

看懂姿态，
肢体语言是情绪的显示器

剑桥箴言

智慧的土壤中会生出三片绿芽：好的思想，好的语言，好的姿态。

一个人要向外界传达完整的信息，单纯的语言成分只占 7%，语调占 38%，另外的 55% 信息都需要由非语言的体态来传达。而且因为肢体语言通常是一个人下意识的举动，所以，它很少具有欺骗性。

身体不会撒谎，姿势反映的是你对自己和对他人的看法。很自信的站姿往往是后背挺直，双肩向后打开，脑袋挺直，臀部收紧。姿势看上去很自信的人往往和朋友们在商业街闲逛的时候和出席社交场合一样觉得很自在。他们会很生动地用双手和手臂来帮助表达自己的观点。

如果某人很伤心的话，他们往往会弯腰驼背，萎靡不振。收拢的双肩是顺从的表现，也是缺乏自信或者很沮丧的标志。如果某人一直都保持这种姿势的话，那么就代表着逃避某种情况或者整个生活。也可能意味着此人对你或者你说的话不感兴趣。此人的身体不朝前倾，而是往后退——这是对争吵的一种逃避行为。

如果某人身体朝前倾，脖子前伸的话，他可能在生气。下颌也可能朝前撅着，双拳紧握着，甚至肌肉都会很紧张。这是一种要进攻的姿势。

手臂的姿势同样有着很丰富的含义，它们会告诉你某人的情绪变化。

交叉的双臂是一种防御性的姿势，说明某人感到很不自在，希望能够保护自己。这也可能意味着此人正在疏离一个人。当某人感到不安全的时候，他往往会占据较少的肢体空间。

双臂抱在胸前的人意味着他们会拒绝你提供的任何立场。伴随这种姿势的还有紧张和不安。

如果双手放在臀部，肘部从身体两侧突出来的话，这意思是说“离我远点儿”或者“别跟我待在一起”。如果某人想在社交场合把他人排斥在小圈子之外的话，他会通过把一只手放在臀部的姿势来传达出这个信息。

双手紧扣放在背后意味着坦诚，有这种姿势的人其实是在暗示：他们无须保护自己。这种姿势是自信的表现。军人们在稍息的时候常常双手握拢，放在背后。他们是放松的，坦诚的，没有什么可以隐瞒的。

肢体语言远不止这些，它是丰富多彩的。肢体语言深受政治家、演员的青睐，并且在演讲、表演，甚至是社交场合被广泛运用。重视肢体语言的人，能够让它无声却真实地表达着自己的情绪，诸如鼓掌表示兴奋，顿足代表生气，搓手表示焦虑，垂头代表沮丧，摊手表示无奈，捶胸代表痛苦，进而获得欢迎、尊重，又或是同情。当别人用等肢体活动表达情绪时，我们也可以根据肢体语言来辨识出他的心情。

来自剑桥的情商秘密

肢体语言拥有着“比言语更有说服力”的力量，那么如何识别他人的肢体语言呢？剑桥大学威廉·克莱尔教授总结了以下几条“常识”。

进攻性：朝前伸的脑袋表示一种迫近的威胁。就像往前伸的下巴一样，这是一种攻击性的动作，暗示某人正准备对眼下的问题采取一种进攻性或者有敌意的方法；

没把握：要不是头上有虱子或者头皮屑的话，挠头说明某人感到很困惑或者对某事没有把握；

感兴趣：把脑袋偏向一边说明此人很有兴趣，正在倾听你说的话。你已经吸引了他全部的注意力，他正在全神贯注地听你说话；

无所谓：当人们耸肩的时候，这意味着他们没有说实话，不坦率，或者觉得无所谓。

中立：人们对某事还没有做出最后的决定的话，他们会把双手交叉着放在膝盖上，双腿会交叉在膝盖以上，以采取一种观望的态度。

无聊：当人们感到很无聊，或者对什么事情都无动于衷的时候，他们会先把脑袋转开，然后最终把整个身体转开。如果他们越来越觉得乏味的话，脑袋会偏着，而且常常要用双手来支撑。很无聊的身体姿势通常会朝后仰，而双腿会伸得很直。如果此人是站着的话，双手会放在前面，十指交叉，脑袋偏向一边。

剑桥考考你

▼

坐姿因人而异，也暴露着每个人的性格和情绪，你是怎样坐的呢？

1. 坐满整张椅子

这种坐姿的人一般是个生活中的强者，热情洋溢而又有一技之长，随处都可安身立命。责任感强，做事有始有终，任谁都可以对你完全放心。

2. 只坐在椅子的前半部分

这种坐姿的人是个性格内向，善于倾听的人。亲和力强，容易受人信赖。

3. 坐下时两只脚张得大大的

他是一个让人很难理解的人，在公众场合显得活力四射，热情爽朗，经常与熟悉或陌生的人谈笑风生，妙语不断；在一个人独处时却又心情郁闷，心事难平，常常想一些令自己不愉快的事。这种人善于思考、心性敏感。

4. 常常跷着二郎腿而坐

他是一个孤芳自赏却严于律己的人，总是以高标准来要求自己，而且能力出众。只不过，有时显得太自大了，很多人会不满于你的目中无人式的行动而拒绝成为你的知交好友。

5. 轻坐于椅子前端者

他有坚忍的毅力，重实践而不安于静态的人。与人交谈，采取这种坐姿最为适宜，让人感觉很有诚意。

6. 深坐大开两脚者

他喜欢社交，乐于助人。虽然很容易亲近，但不易深刻了解。对于他人求助之事，碍于情面，不便婉拒是其缺点。

7. 左足放在右腿上者

他具有丰富的常识，是属于慎重派的人。愿意接纳他人的意见，并积极地创新工作。时常采取这种坐法者，自然而然会变成积极、主动的人。

8. 右足放于左脚上者

他时时注意周围的人，究竟以何种眼光看他，过分紧张。不过，生活亦属多彩多姿，深信将有惊人的收获时，一定倾心全力，非完成不可。

9. 两膝紧贴者

他行事消极，憧憬着高远的目标，却有着很强的依赖心理。

/ 第 5 节 /

穿戴都有含义，服饰是情绪的第二张脸

剑桥箴言

当你穿着邋遢的时候，别人注意的是你的衣服，当你穿着精致的时候，别人关注的便是你的人了。

莎士比亚曾说："服饰往往可以表现人格。"在人际交往中服饰在很大程度上反映了一个人的社会地位、身份、职业、收入、爱好及一个人的文化素养、审美品位等。即使我们沉默不语，我们的衣着与体态也会泄露我们过去的经历，服饰一直被认为是传递人的思想情感的"非语言信息"。服饰的礼仪文化往往体现着一个人的素养与内涵，还能表达他的情绪。

剑桥大学圣约翰学院文化历史学家尤林卡·罗布莱克认为，时尚不仅是简单的服装款式与质地，更承担着传递多种复杂信息的职能，尤其是能表达个人情绪。如果表达得恰到好处，对于个人的形象和事业的成功有着极大的影响。

酒商的儿子施瓦茨是尤林卡·罗布莱克研究的重点，施瓦茨一生共画了 137 幅水彩画。在一幅 1530 年的肖像画中，施瓦茨身穿红色紧身上衣和亚麻细布做成的黄色衬衫，头戴羊毛毡制成的黑色帽子，小腿的线条在黄色长筒袜下展露无遗，腰间皮带上挂着红色钱包和佩剑。在尤林卡·罗布莱克看来，施瓦茨这身价格不菲的行头需耗费大量时间和精力，且为了尽可能达到身材修长的视觉效果，施瓦茨还必须在饮食上克制自己。而他位精心打扮的目的，是为了出席奥格斯堡帝国议会，表达自己觐见国王时的喜悦及对天主教和国王的忠心。在施瓦茨 41 岁生日时所画的肖像画中，他穿着一件为自己的婚礼特制的厚斗篷，只留下了一个背影，表达他对婚姻的满足和对生活的热爱。另一幅画中，他一身黑色，是为了表达对萨克森州选帝侯莫里茨的去世的哀悼。

这位擅于用穿着表达情绪的商人，因为总是能给人值得信赖的印象，并且时时处处表现出绅士风度，在 1541 年被封为贵族。

一个人的衣饰，不仅仅表露他的情感，并且可以显示出他的智慧来。同时，从他的衣着习惯，更可以透露出他的性格和生活态度。衣饰华丽的人，他们情感正常，富有自信心，对参加社会活动很有兴趣，非常喜欢交朋友；不注意穿着的人，往往也不喜欢参加社交活动，不善于与人交往，性格内向，甚至可能有自卑感。

值得一提的是，穿着对情绪的表达，并不是以穿着的贵贱来区分，而是要看“是否整洁、是否合适”。衣饰整洁的人，无论如何总比不整洁的人活泼爽朗得多。然而，物极必反，过分地追求打扮的人，他们的性格会有些不正常，他们在社会交往中会产生越轨行为。

来自剑桥的情商秘密

心理学家从服装的颜色、式样等选择上，分析了不同服饰与情绪的关系：

1. 喜欢华丽服装。大多自我表现欲很强。

2. 喜爱朴素服装。多是顺从型的，这类人一般都有些固执，缺乏主动性，个性内向，生活朴实，温和淑静，但缺乏自信心，遇事犹豫不决。

3. 对流行时装敏感。这类人缺乏主见，对自己缺乏信心，别人穿什么，自己则随着别人而穿，完全无视自己的爱好。这种人大都具有孤独感，情绪亦不稳定。

4. 对流行毫不在乎。属于个性强的典型。但也有些人由于种种原因，把自己关在象牙塔，唯恐被人“同化”，而失去自我。这种人不易与人相处或共事。

5. 穿着的服装无定型。其式样、颜色、质料变化无常，让人无法了解他的真正喜好的人，大多情绪不稳定，缺乏耐心。

6. 改变服装格调。突然之间穿起与以前格调完全不同的服装来的人，大多在物质或精神方面受到了刺激，情绪有所变化，或内心有了新的决定。

剑桥考考你

▼

服饰是人的第二层皮肤，根据穿着的不同，心理学家将人划出了六种类型。

智慧型

这种人头脑冷静，思想缜密周详。他要购买一件新衣服的话，一定会先考虑到它是否合体，衣服是否有特色，裁剪缝纫得是否精细结实和令人满意，因为他把衣服看成是他的财产的一部分。

经济型

当他购买新衣服时，第一件事就是要先计算一下是否合算。

唯美型

这种人常被唯美观念所支配，他在选购衣服时不求经济耐用，但求美观，只要能穿上一件时髦的衣服，他就心满意足了。

人道主义型

他买衣服没有目的，常会买下自己所并不需要的衣服。

政治家型

他所穿的衣服，特别注意款式图案以期给人留下好印象。

宗教家型

他喜欢款式简单的衣服，色彩朴实无华，尽力避免虚饰。

/第五堂课/

人际交往

你可以比你想象的更受欢迎

/ 第 1 节 /

不要吝啬你的赞美，走出孤芳自赏的怪圈

剑桥箴言

人内心深处最强烈的渴望是得到肯定，而赞美就是语言中的钻石。

赞美是开启心灵的金钥匙，有四两拨千斤的力量。剑桥人的理念是赞美他人，它认为：在你赞美别人时，你会发现自己拥有无限潜能去感动身边的人。

如果你想从政——赞美帮你减少敌对，赢得支持；如果你想经商——赞美帮你增加客户，赢得财富；如果你想当领导——赞美帮你激励下属，赢得尊重；如果你是下属——赞美帮你改善环境，赢得信任；如果你爱你的家庭——赞美帮你提升魅力，赢得幸福。

布伦达·卡维尔是剑桥大学图书馆的清洁工，所从事的工作最易被人忽视，他的存在也往往被人视而不见。但就是这样一个人，却在一天晚上图书馆发生火灾时，奋不顾身地进行了扑救。

事后，人们议论纷纷，觉得他的行为有些不可思议，更无从知晓他勇气的真正动机。当人们问起他时，答案竟出乎所有人的意料。他说："当多数学生从我身旁经过时，总会不时地赞美我说，'你扫的地真干净。'这就是我殊死搏斗的原因。"

赞美的力量不仅于此。1923 年，就任美国总统的约翰·卡尔文·柯立芝发现自己的女秘书长得非常漂亮，工作上却经常出现差错，他便想法要帮她纠正。一天早晨，柯立芝看见女秘书走进了办公室，便对她说，今天你穿的这身衣服真漂亮，很适合你。女秘书受宠若惊，柯立芝接着又说，但你也不要骄傲，我希望你把公文处理得也能和你的衣服一样漂亮。果然从那天起，女秘书在公文上很少再出错了。

赞美就像理发师替人修面之前先涂上的一层肥皂，平滑去污，温暖释怀。赞美也必定会唤起羞耻之心，进而促其改正不足，产生超越自我的强烈追求，达到意想不到的效果。当然，这里所说的赞美，是为了帮助人改正错误或纠正毛病的赞美，而不是为了达到个人目的的吹捧和忽悠，那样的赞美不但于事无补，还可能使人有被捧着产生的飘飘然之感，有助纣为虐的嫌疑了。

当然了，赞美需要良好的回馈。否则，赞美的人很快就会学会沉默，不再赞美别人。假如你对好友说：“我喜欢你的那双鞋。”而他会貌似谦逊地回答我：“这双鞋很便宜，在地摊上买的。”这样的回答，就容易拉开你和他的距离。如果回答变成:“嗯，确实很好看，这可是个大牌子，你穿着应该也很好看。”那么你们之间的关系只会变得更亲密。

林肯曾说：“一滴甜蜜比一加仑苦汁能捕获更多的苍蝇。”赞美是一种博取好感和维系好感最有效的方法，也是促进人继续努力、超越自我的最强烈的兴奋剂。当责备已无济于事的时候，不妨改试一下真诚的欣赏和善意的赞许这一方略，这可是打动人心的最好方式。

用赞美试着去改变自己和别人的生活吧！竖起你的大拇指，把话说到对方心坎上！赞美是人际交往中最能打动人心的语言，是搞好人际关系最有效的“润滑剂”，是“于人有利、于己无损而有利”的事，何乐而不为呢？

来自剑桥的情商秘密

现实生活中，每个人都曾得到过别人的赞美，每个人也都赞美过别人。剑桥大学的阿普莉尔·卡门教授说："赞美的宗旨有两部分，一是发现别人的优点；二是及时表达，真心地认同别人的优点。"那么具体该如何赞美别人呢？卡门是这样教育他的学生的：

1. 真诚是前提。赞美要取得效力，首先是必须发自内心，要让人觉得真心实意，只有真诚的赞美才能深入人的心灵使别人受到感染，引起共鸣。不要让别人感到你言不由衷，另有所图。

2. 准确是灵魂。所谓准确就是要得体，要恰到好处，适可而止、恰如其分，既不过分，也无不及，赞要赞到点子上。

3. 及时是雨露。赞美也如春雨一样，贵在及时。及时的赞美和反馈能使对方明确自己做得对，从而有助于更好地调整自己的行为，使效果最好。

4. 独特是关键。就是说赞美要有新意。如果只是一味地简单赞美，别人就会陷进"赞美疲劳"，所以还应该不断选择新的角度发掘新的内容。用一种方式，满口赞美的人是很难获得别人的完全信任的。

剑桥考考你

▼

你是一个懂得赞美他人的人吗？你可以尝试回答以下四个问题，和你的父母、朋友交流：

1. 你给人取过外号，或者挖苦别人吗？有没有考虑过对方的感受？

2. 你有真诚地赞美过别人吗？被赞美的人因为你的赞美态度有改变吗？

3. 第一次听到别人赞美自己时，你心里的感觉是怎样的呢？

4. 假如有一个你特别讨厌的人，你尝试过去发现他的优点吗？

/ 第 2 节 /

热情的人，在任何地方都受欢迎

剑桥箴言

一个人最令人无法抗拒的魅力，就是热情。

热情是这个世界上最伟大的财富，它远胜过金钱、权力和影响力。一个人拥有热情，就拥有了永不衰竭的生命力，同时也拥有了感染他人的力量。

热情是世界上最有价值的一种感情，也是最具感染力的。自己充满了热情，自己周围的人才会变得充满激情，即使你表达得不是很顺利，他也可以理解。如果没有热情，你所说的话就像变质的食物，毫无生气和新鲜感可言。

1946 年，美国心理学家所罗门·阿希做了一个心理学史上著名的实验，被称为“热情的关键性”实验。

他列出有关人格的六项品质，包括聪明、熟练、勤奋、热情、实干和谨慎，给一组被试者。同时，他给另一组被试者几乎同样的六项品质，不同的仅仅是把“热情”换成了“冷漠”。要求两组被试者对表中的人做一次详细的人格评定，阿希教授让被试者说明，表中的人可能或他们希望这两组具有几乎相同品性的人具有什么样的其他品质。

答案出来了，仅仅一个“热情”与“冷漠”的区别，具有“热情”品质的人，受到了被试者的衷心喜爱，人们慷慨地用各种优秀的品质描述他。而那个“冷漠”代替了“热情”品质的人，遭到了人们的敌意和仇恨，被试者把各种恶劣的品质统统都罗列在他的“冷漠”品质之下。

这项实验证明，一个人给别人的印象，“热情”和“冷漠”是最关键的内容，它甚至决定了其他品质的有无和优劣，它包含了更多有关个人的内容。因而，热情冷漠被称为是中心性品质。

一个人是否热情，决定了我们是否喜欢他、亲近他、接受他，热情的品质影响着一个人生活的每一个方面。“热情”成为一个优秀形象所具备的基本品质，一个人表现的是热情还是冷酷，决定了他在社交场上被人喜爱还是排斥。一个人最让人无法抗拒的魅力就在于他的热情，我们仔细地回想一下我们身边热情的人，就不难理解热情在社交和工作中有着强烈的感染和吸引人的力量。

心理学家认为，热情的人之所以被人们喜欢，是因为热情的品质包含了更多的个人内容，它让人们联想到与之相关的其他优良品质和特性，这正是“光环效应”的反应。一旦我们被热情所吸引，我们就会认为热情的人真诚、积极、乐观。热情感染着我们的情绪，带给我们美妙的心境，让我们感到愉快和兴奋。

热情能带来幸运，因为人们都喜爱热情的人，对他们也宽容，容易满足他们的要求。正因为热情的感染和蛊惑力，政治家们不惜一切代价，用充满了激情的语言、表现出旺盛精力的姿态、热情洋溢的面部表情、生动的身体语言等来表现自己的热情，来赢得选民的喜爱。

此外，热情还是领导者成功的基本条件。性情活泼、热情的政治家，轻易就博得选民的喜爱，丘吉尔、肯尼迪、里根、克林顿、布莱尔等这些 20 世纪的领袖，无不具备热情的品质。

剑桥大学卡西·克莱门特博士说："成功者与失败者的聪明才智，相差并不大。如果两者实力半斤八两的话，对工作较富热情的人，一定比较容易成功。一个不具实力而富热情，和一个虽具实力但不热情的人相比，前者的成功也多半会胜过后者。"

热情可以使悲观的人变得积极向上，变得豁达乐观；可以使懒惰的人变得勤奋，变得有朝气；热情可以使不认识的人对自己微笑，可以能融化顾客的疑虑、冷漠、拒绝，换取顾客对自己的信任和好感；热情还会像发动机一样推动人们勇往直前，直至达到成功的彼岸。如果一个人对人生、对工作、对朋友、对事业没有热情，那他一定不会有大的作为。

任何事情，只要你想干，只要你去干，饱含激情去干，成功就在不远的地方等你。

来自剑桥的情商秘密

如何让自己成为一个热情的人呢？你可以尝试这样做：

1. 深入了解，充满兴趣，保持好奇。"对某种事物的热心"是关键，想要对什么事热心，先要学习更多你目前尚不热心的事，了解越多，越容易培养兴趣。

2. 要传播好消息。好消息除了引人注意外，还可以引起被人的好感，鼓起大家的热心和干劲。

3. 强迫自己采取热情的行动。

4. 保持健康的身体。身体健康是一切积极成功的基础，一个人如果身体充满了活力，他的精神和感情也会充满活力。

5. 用希望来激励自己。希望具有激发人产生动机并付诸行动的魔力，希望是预期获得所想要的事物的欲望加上可以得到它的信心。一个充满希望、有强烈欲望并且有坚定信心的人，肯定是一个极度热情的人。

剑桥考考你

▼

你是一个受欢迎的人吗？尝试测试一下自己的热情程度。

1. 假如你的知心朋友从国外归来，你在机场见到他的第一个反应是：

A. 立刻“喋喋不休”地询问对方在国外的一切　B. 情不自禁地投入他的怀抱里

C. 一个箭步上去和他握手

2. 假如有一天你在街上走着，迎面走来一位陌生男子，突然向你送上一束玫瑰花，你会：

A. 欣然接受，认为人家送花给随和的你并不稀奇

B. 立刻对他说：“你认错人了”　C. 立刻满脸通红，溜之大吉

3. 当别人介绍一位新朋友给你认识的时候，通常你会怎样应付：

A. 立刻和他握手，并热情地自我介绍　B. 找一些无关紧要的话来搪塞和应付

C. 只是点头打招呼

4. 你最喜欢穿什么颜色的衣服

A. 艳丽温暖的颜色　B. 没偏好　C. 灰暗冷清的颜色

测试说明：

选择 A 较多的人属于热情的人，也往往受人欢迎；

选择 B 较多的人属于理性的人，有礼有节，内敛不失随和；

选择 C 较多人属于冷漠的人，性格内向，给人不愿与人交往的印象。

/ 第 3 节 /

真诚的倾听者，是能够走进别人心里的那个人

剑桥箴言

倾听的耳朵是虔诚的，倾听的心灵是敏感的，有了倾听的耳朵和倾听的心灵，你才会拥有忠实的朋友。

学会倾听，是一种礼节，更是一种智慧。懂得倾听的人不仅仅可以真正地理解对方，而且还可以赢得对方的尊重和信赖。倾听讲话看似平常小事，然而，通过这平常小事，可以看出一个人是否有礼貌，懂礼节。

剑桥大学著名的数学家安德鲁·维尔斯便是一位重视倾听艺术的大师，他曾在一次演讲中讲过这样一则故事：

那是一次儿童乐园举办的嘉年华活动，安德鲁被邀请做主持，当他问一名小朋友："你长大后想要当什么呀？"小朋友天真地回答："嗯，我要当飞机驾驶员！"安德鲁接着问："如果有一天，你的飞机飞到太平洋上空，所有引擎都熄火了，你会怎么办？"小朋友想了想："我会先告诉坐在飞机上的人绑好安全带，然后我挂上我的降落伞先跳出去。"当现场的观众笑得东倒西歪时，安德鲁继续注视着这孩子，想看他是不是自作聪明的家伙。没想到，接着孩子的两行热泪夺眶而出，这才使得林克莱特发觉这孩子的悲悯之情远非笔墨所能形容。于是安德鲁问他：

“为什么要这么做？”小孩的回答透露出一个孩子真挚的想法：“我要去拿燃料，我还要回来！我还要回来！”安德鲁因为未能仔细倾听完孩子的想法而得出结论感到十分愧疚，他说：“倾听与身份无关，而与人格魅力紧密相连，因为只有倾听，才能得到真正的理解。”

一般来讲，善于倾听者，大都是有学问，有涵养，谦虚谨慎的人。他们深谙人应该“活到老，学到老，改造到老”的道理;晓得“三人行，必有我师”的真谛；更知道人世间还有许多弱势群体，需要人们的体恤同情关注。放下架子，认真地去倾听他人的倾诉，不仅仅是对他人的尊重，更是开阔视野、获得知识、向别人学习的一种有效途径。

一代军事家巴顿将军也曾犯过“不倾听他人”的“领袖病”。一天，巴顿将军为了显示他对部下生活的关心，搞了一次参观士兵食堂的突然袭击。在食堂里，他看见两个士兵站在一个大汤锅前。

“让我尝尝这汤。”巴顿将军向士兵命令道。

“可是，将军……”士兵正准备解释。

“没什么可是‘可是’,给我勺子。”巴顿将军拿过勺子喝了一大口，怒斥道：“太不像话了，怎么能给战士喝这个？这简直就是刷锅水。”

“我正想告诉您这是刷锅水……”士兵正色答道。

可见，只有善于倾听，才能更好地工作和生活。倾听是优秀的人最重要的工作方法，只有擅于倾听，才不会做出愚蠢的事和决定，哪怕你原本怀着良好的愿望。要知道，当我们自以为“优秀”而高高在上时，往往是最听不进谏言。

学会倾听，还是一种修养。倾听，往浅里说是个关乎礼节礼貌的事，往深里讲，则是个关乎到个人修养的大问题。同时，也是增强人际关系、加深感情、增进友谊、提高个人威信的一种形式方法。尤其是当一个人不顺心、想不开、悲伤痛苦的时候，常常爱去向别人倾诉。而此时，你怀着一颗同情之心，认真地来倾听他们的倾诉，就会减轻他人的痛苦，使他人得到慰藉，这无疑是件有意义的善事。

来自剑桥的情商秘密

在人际交往中，多听少说，善于倾听别人讲话是一种高雅的素养。因为认真倾听别人讲话，表现了对说话者的尊重，人们也往往会把忠实的听众视作可以信赖的知己。来自剑桥大学的社会学家和心理学家从人际关系角度进行研究，提出了以下聆听技巧：

1. 注视说话者，保持目光接触，不要东张西望。

2. 单独听对方讲话，身子稍稍前倾。

3. 面部保持自然的微笑，表情随对方谈话内容有相应的变化，恰如其分地频频点头。

4. 不要中途打断对方，让他把话说完。

5. 适时而恰当地提出问题，配合对方的语气表述自己的意见。

6. 不离开对方所讲的话题，但可通过巧妙的应答，把对方讲话的内容引向所需的方向和层次。

剑桥考考你

▼

你是一个擅于倾听的人吗？你可以尝试回想自己是否有过以下情形：

1. 你喜欢听别人说话吗？

2. 你会鼓励别人说话吗？

3. 你不喜欢的人在说话时，你也注意听吗？

4. 无论说话人是男是女，年长年幼，你都注意听吗？

5. 朋友、熟人、陌生人说话时，你都注意听吗？

6. 你是否会目中无人或心不在焉？

7. 你是否注视听话者？

8. 你是否忽略了足以使你分心的事物？

9. 你是否微笑、点头以及使用不同的方法鼓励他人说话？

10. 你是否深入考虑说话者所说的话？

11. 你是否试着指出说话者所说的意思？

12. 你是否试着指出他为何说那些话？

13. 你是否让说话者说完他的话？

14. 当说话者在犹豫时，你是否鼓励他继续下去？

15. 你是否重述他的话，弄清楚后再发问？

16. 在说话者讲完之前，你是否避免批评他？

17. 无论说话者的态度与用词如何，你都注意听吗？

18. 若你预先知道说话者要说什么，你也注意听吗？

19. 你是否询问说话者有关他所用字词的意思？

20. 为了请他更完整解释他的意见，你是否询问？

测试说明：

“几乎都是”得 5 分；“常常”得 4 分；“偶尔”得 3 分；“很少”得 2 分；“几乎从不”得 1 分。

90—100 分。你是一个优秀的倾听者；

80—89 分。是一个很好的倾听者；

65—79 分。你是一个勇于改进、尚算良好的倾听者；

50—64 分。在有效倾听方面，你确实需要再训练；

0—50 分。你注意倾听了吗？

/ 第 4 节 /

记住别人的名字，让人感觉到他很重要

剑桥箴言

人们极重视他们的名字，因而他们竭力使它被传播远扬，有时候即使牺牲很多也在所不惜。

一种最简单、最明显、最重要的获得好感的方法，那就是记住他人的姓名，使他人感觉到他很重要。记住人家的名字，而且很轻易地叫出来，等于给别人一个巧妙而有效的赞美。

名字是一个人的记号，代表着一个人的一切，荣与辱，成与败，高贵与卑贱……剑桥大学威尔·史密斯教授认为："善于记住别人的姓名是一种礼貌，也是一种感情投资，在人际交往中会产生意想不到的效果。"

贝肯·阿曼达是一家电器公司的董事长，在请公司的代理商和经销商吃饭时，他让秘书按座位把每位来宾的名字记下。这样他在饭桌上与每位老板交谈时能随口叫出他们的名字，让每个人都惊讶不已，生意也一直很顺利。

世界上最动听的声音就是听到别人叫自己的名字，人对自己名字比对地球上所有名字的总和还要感兴趣。一名政治家要学习的第一课是：记住选民的名字就是政治才能。因为，对于一个人来说，名字是所有语言中最突出的声音，清楚地把它叫出来，就是对他的赞美，就会获得他的好感。

罗斯福总统的得力干将吉姆·法里从来没有进过一所中学，但是在他 46 岁之前，已经有四所学院授予他荣誉学位，并且成了民主党全国委员会的主席、美国邮政总局局长。他成功的秘诀在哪里呢？原来，他有一种记住别人名字的惊人本领。

有人去访问他，向他请教："据说你可以记住 1 万个人的名字。"

"不。你弄错了，"他说，"我能叫出 5 万个人的名字。我在为一家石膏公司推销产品的时候，学会了一套记住别人名字的方法。"

他说这是一个极其简单的方法。他每当新认识一个人就问清楚他的全名、家里的人口，以及干什么行业、住在哪里。他把这些牢牢地记在脑海里。即使一年以后，他还是能够拍拍别人的肩膀，询问他太太和孩子的情况。难怪有这么多拥护他的人！

在罗斯福竞选总统期间，吉姆·法里每天都要写好几百封信，给遍布西部和西北部各州的熟人。然后他跳上火车，19 天内行程 1200 公里。他每到一个市镇，就跟他所认识的人一起吃饭喝茶，向他们倾吐一番"肺腑之言"。然后又继续他的下一站。结果是：他使得罗斯福获得了众多的选票，入主白宫。

吉姆·法里说："记住人家的名字，而且很轻易地叫出来，等于给人一个美妙而有效的赞美。因为我很早就发现，人们对自己的姓名看得惊人的重要。"

来自剑桥的情商秘密

记住别人的名字是如此重要，那么有何妙招呢？

1. 多次重复这个人的姓名。你要清楚地听清这个姓名，交谈中尽可能地用到这个姓名，以便在头脑中扎下根来。

2. 建立有意义的联想。如一个朋友的名字叫“严婉庄”，倒过来念“装碗盐”，这样马上就把这个朋友的名字记住了。

3. 运用谐音记忆名字。如有一个刚见面的朋友叫“李青齐”，你就可以马上记住这个客户的名字：哦，他是“你亲戚”。

如果你要在较短的时间内记住更多的人的名字，还可以这样做：

1. 平时自己准备 10~20 个的记忆密码，熟悉这些密码的别称：如 1“金” 2“银” 3“铜” 4“铁” 5“木” 6“水” 7“酒” 8“车” 9“房” 10“地”等属性的“钩子”，平时做些练习以备运用。

2. 提前到场。假如是参加某一社交活动，在男女主人开始时介绍客人，将这些客人用准备的“钩子”联系起来，即“挂起来”。如 1“金”叫麦克·穆雷，他不擅言谈；2“银”叫艾德琳·爱丽丝，是个爱美却不怎么美的人。

3. 达到自己记忆差不多的极限数时，找一个安静的角落，看看四周，按照“钩子”的顺序重复回忆一下他们的名字即可记住。如果还有少数不能肯定的，就加入交流中去核对一下。

4. 如果能得到一份聚会人员的名单（也许还有头衔），还安排午宴或客饭，这是记住他们的好机会。

剑桥考考你

▼

跟你周围的人交流，相互提问以下三个问题：

1. 除了亲密的人之外，你能在纸上写下多少打过交道的人的名字？

2. 对某一个不是很熟悉，却印象深刻的人，你是因为什么记住他的？

3. 你有被一个不太熟悉的人喊出自己名字的经历吗？你当时的感受如何？

/ 第 5 节 /

喜欢闲谈的人总说别人的事，令人讨厌的人只说自己的事

剑桥箴言

谈别人感兴趣的话题，是打破僵局的法宝，是缩短交往距离的良策。

无论是与朋友还是陌生人交谈，多谈一谈别人得意的事情，这样容易赢得对方的认同。如果谈论的话题恰到好处，对方肯定会高兴，并对你心存好感。每个人都有自己感兴趣的事物或话题，在交谈的过程中，不妨找到对方的兴趣点，积极主动地谈论对方感兴趣的话题，而不是漫无目的地只顾说自己的事情。

英国著名的朗庭酒店集团 CEO 布瑞特·布切尔是个乐善好施的人，他曾捐赠巨款建造音乐堂和戏院。为承接这批建筑物内的坐椅，许多制造商展开了激烈的竞争。但是，找布瑞特谈生意的商人无不乘兴而来，败兴而归，一无所获。在这样的情况下，英国“伦敦桌椅公司”的经理阿尔巴，前来会见布瑞特，希望能够得到这笔价值 9 万英镑的生意。

在见到 CEO 布瑞特之前，秘书就对阿尔巴说：“我知道您急于想得到这批订货，但我现在可以告诉您，如果您占用了布瑞特先生 5 分钟以上的时间，您就完了。他是一个很严厉人，所以您进去后要快快地讲。”

阿尔巴微笑着点头称是。这位 CEO 见到阿尔巴便问：“先生有何

见教？”这时，阿尔巴没有直接说生意，而是说：“先生，在我等您的时候，我仔细地观察了您这间办公室。我本人长期从事室内的木工装修，但从来没见过装修得这么精致的办公室。”布瑞特回答说：“哎呀！幸亏你提醒，我都差不多快忘记这件事了。这间办公室是我亲自设计的，当初刚建好的时候，我喜欢极了。”

阿尔巴走到墙边，用手在木板上一擦，说：“我想这是英国橡木，是不是？意大利的橡木质地不是这样的。”“是的，”布莱特高兴得站起身来回答说，“那正是英国的橡木，是我的一位专门研究室内橡木的朋友专门为我订的货。”布瑞特的心情极好，便带着阿尔巴仔细地参观起办公室来了。他把办公室内所有的装饰一件件地向阿尔巴做介绍，从木质谈到比例，又从比例扯到颜色，从手艺谈到价格，然后又详细介绍了他设计的经过。此时，阿尔巴微笑着聆听，饶有兴致。他看到布瑞特谈兴正浓，便好奇地询问起他的经历。随后，这位销售经理和这位 CEO 相互交流了各自的往事，并因此结下了终身的友谊。当然了，阿尔巴毫不费力地得到了这笔大订单。

为什么布瑞特把这笔大生意给了阿尔巴，而没给别人？这与阿尔巴的沟通策略很有关系。如果他一进办公室就谈生意，十有八九要被赶出来。阿尔巴成功的诀窍，就在于他了解谈判对象。他从布莱特的办公室入手，巧妙地赞扬了布莱特的成就，谈得更多的是布瑞特的得意之事，就使布瑞特的自尊心得到了极大的满足，这笔生意当然非阿尔巴莫属了。

在生活中，每个人都渴望友谊，希望拥有更多的朋友。但朋友都是由陌生人发展而来，关键是得找出交往的契机，尤其是能让对方感兴趣的话题。假若你的一个话题使对方产生了浓厚的兴趣，那么无论他是一个如何沉默的人，他都会发表一些言论的。因此你在谈话的停滞之中，一定要想法寻找并且不断地激起对方的兴趣，使谈话能够一直持续下去。

来自剑桥的情商秘密

每个人都有其特定的交谈方式，当别人对你的话题感兴趣而且很乐意参与时，就意味着你们接下来的谈话可能会很愉快。具体怎么做呢？

1. 用眼睛注意对方的手势、姿势、表情以及当时的整个反应，用头脑分析其情况的真实程度，体会对方话语的意义。对方说话时的感受，是高兴、是愤怒，或是焦虑，这些情绪状态有时比话语本身更重要。从而恰如其分地关心对方，缩短与对方之间的心理距离。

2. 区别沟通和说话的不同。世上有种人总认为滔滔不绝的说话就是沟通，而忘了沟通的真义是疏通、拉近彼此的关系。沟通的是人，不是语言，言谈只是一种途径。沟通时，应以关系为重，对方情绪低落时，就不要再滔滔不绝地说对方不感兴趣的话题。

3. 注意反馈。在谈话中，如果对方明显地反映出对你的话题参与不多，他可能对你的话题不感兴趣。此时，你要尽快转移话题，这样才能让你们之间的气氛尽快变得融洽起来。要想做到这一点，就需要了解他的基本性格习惯和心理特点，才能找到他感兴趣的话题。

剑桥考考你

▼

与人相处是一门很深奥的学问。每个人都有自己的方法，但有的人受人欢迎，而有的人却遭人讨厌。你可以问自己以下几个问题 ：

1. 你有主动谈论别人感兴趣的话题吗？

2. 你是一个善于倾听的人吗？你鼓励过别人谈论他们自己吗？

3. 你曾经主动去了解别人，理解别人，肯定别人吗？

4. 你特有没有真诚地关心别人？

/ 第 6 节 /

守住别人的秘密，其实是守住了自己的人格

剑桥箴言

泄露秘密的重要动机之一，就是炫耀自己受人信赖。

世界上有多少人，就有多少秘密。一段感情、一个理想、偶尔的错误、错过的缘分、难言的隐私，能耐心听朋友倾诉，能替别人守住秘密，保护好人家的隐私真的是特别重要的美德，这样的人往往也受朋友欢迎。相信每个人都有过向别人倾诉秘密的时候，相信每个人都有过倾听别人秘密的时候。

其实我们都知道，没有人能松解别人的痛苦，别人要的只是倾诉，像倒垃圾一样的倒完心中尘埃，人就轻松了，解压了，然后一转身扬起笑脸，又是一番自信和自恋。当别人向你倾诉秘密的时候，说明他信任你，并且认可你的人格。面临倾诉者最主要的是保密，哪怕是不堪的隐私，我们只要倾听、理解、劝慰，然后就是忘却——忘却他说过的隐私。始终认为，倾听秘密然后消除秘密，是做人最基本的要求，也是准则。

然而现实毕竟太复杂，人的素质也各不相同，能不能分清可倾诉者，得有一双慧眼，至少，也要有一双稍微能看清别人有无口德的眼睛，否则秘密就会一个传一个地在“千万不要告诉别人”的链条中传播开来。

以致最后成为公开的秘密或者是不公开而大家都知道的秘密。这就是关于秘密的笑柄，也是秘密传播的规律。

剑桥大学伟大的诗人约翰·弥尔顿曾经也和朋友倾诉过一次秘密，然而时隔不久，这件事却从另一个朋友那里反馈到他的耳朵。他听后从容地笑了笑，朋友惊讶，问他："你不生气吗？你不恨那个泄露秘密的人吗？"约翰·弥尔顿说："为什么要恨别人呢？秘密是由自己说出去的，既然自己可以和别人倾诉的，那已经不叫秘密了，怪只怪自己太相信别人的口德和品德。"

通过这件事情，约翰·弥尔顿心里明白了一个道理：有些事情永远是属于一个人的，有些秘密，适合放到心底，自己一个人慢慢发酵，感受回忆中的香甜和发酵之后的苦涩，然后小心翼翼地封存在记忆里，因为这也是我们人生中一次宝贵的经历。至于那些被公开的秘密，学会泰然处之，学会从容面对。我思故我在，真实的自己比遮遮掩掩虚伪的人要好得多。

也许，很多人一直以来都希望能守住别人告诉自己的秘密，但是或者每个人都没有做得那么好。试问一下我们自己呢？有则改之，无则加勉吧。世态炎凉，人生冷暖，守住别人的秘密，并非一件易事。它是一种真诚，也是一种对世间万物的理解和醒悟，更是一个人的修养和爱。人间秘密，林林总总，又千奇百怪，守住别人的秘密，就是守住了他人的声誉，守住别人的秘密，其实是守住了自己的人格。

来自剑桥的情商秘密

剑桥大学研究表明，超过半数的人都曾经或正在为别人保守着秘密。按说，能替朋友保密说明得到对方的信任，但这份信任却让他们难以消受，因此不少人表示，他们都患上了"保密焦虑"。所以说，如何保守秘密不是难题，难题是如何消除这种焦虑，你可以尝试这样做：

1. 多结识一些朋友，可以增强安全感，能让你在和其他人的交往中减轻保密的压力。而且，不同的朋友能为你提供审视问题的不同角度。

2. 多和几个朋友同时活动，就能避免再次听到秘密，减少存贮秘密的数量。

3. 可以利用“树洞效应”，对着空屋子说出朋友的秘密，或对着气球说出秘密，并放飞气球，秘密也就飞走了。

4. 当朋友刚对你诉说秘密时，你应该帮他们分析问题，说服他们解决问题，而并非保守秘密。如果这个秘密实在难以启齿，你应该告诉他们要寻求专业心理咨询师的帮助。

剑桥考考你

▼

遇到下列情景，你会怎样保护和尊重个人的隐私权？

1. 在好朋友家里，你看到她的日记翻开放在桌面上，她又不在，你怎么做？

2. 朋友的父母在闹离婚，为此他很苦恼。他把这件事告诉了你，另一个人为此问你，你怎么对这个人说？

3. 某次测试成绩发下来了，你想知道别人的成绩，你会翻看吗？简要说明理由。

/ 第 7 节 /

异议是成功的垫脚石，是走向完美的催化剂

剑桥箴言

多听，少说，接受每一个人的责难，但是保留自己最后的裁决。

不能因为大多数人的猜疑而影响自己独到的见解，不要固执己见而不听从别人的忠实良言。所以对于不同意见，要尊重，对的要采纳，若不对，也要先认真倾听，然后用恰当的方式去指出对方建议的问题所在。

一个人生活是否得意，关键不在“力量”，而在“雅量”，这里所谓的雅量在很大程度上指的是“对异议的态度”。

艾森豪威尔将军曾有个参谋，经常与他意见相左，看法迥异。有一天，这位参谋决定请辞。

艾森豪威尔问他：“为什么突然要走呢？”

参谋老实地回答：“我和你经常意见冲突，你大概不喜欢我，与其等着被你开除，还不如我另谋出路算了。”

艾森豪威尔听后很惊讶，说：“你怎么会有这种想法？如果我有个跟我意见一模一样的参谋，那么我们两人当中，不就有一个人是多出来的吗？还有什么意义呢？”最后，艾森豪威尔把参谋给劝留下来。

要接纳不同意见，要接纳不同的声音，不要只会杜绝众口，否则将

失去许多宝贵的观点与见解。你能理性、冷静地聆听那些不同于己的意见吗？问题的答案将决定你日后的成就。

俗话说“金无足赤，人无完人”。任何人都有缺点和不足，而你不是镜子，对自己的缺点看不透彻，只有跟你相处过的人才知道，因此虚心接受他人的意见，学会接受，这样才能看清自己的不足，对自身修养有帮助，从而改善自己，完美自己，展现更好的自己。

一个人的眼界是有限的，有很多事情并不是很了解，你可以从别人的意见中得到答案，但是人不能被别人的意见所左右，别人的意见只能作为参考。取众家所长补自己所短是进步的一种好方法。我们不要被这种美好谎言所欺骗，否则就会深陷其中不能自拔，也就不会去改变自己身上的不足。

此外，在虚心接受他人意见的基础上，要能够正确地认识自己的不足，正确剖析自己，认真研究解决方法，有针对性地改正自身的不足。如果自己确实没有很好的解决办法，要向提出意见的人虚心请教，共同分析，寻求解决方法，并且要能够接受他人的监督。这也是积极接受他人意见的具体表现。

来自剑桥的情商秘密

对待异议的态度反映了一个人的胸怀，更能体现一个人的智慧。那么如何对待异议呢？

首先要改变反感情绪。不要一听到不同意见，或批评意见就反感、就动怒。能提不同意见、批评意见的人本来就不多，如果你再不能正确面对，就更听不到真话和实话了，这对改进自己、提高自己没有什么好处。

另外就是要养成宽广胸怀，要有包容之心。兼听则明，只有允许各种不同声音的存在，只有听取各种不同的声音，才能比较全面客观地了解和掌握各方面情况，才有利于做出理性的判断和正确的决策。

那么怎样去表达自己的不同意见呢？你可以这样做：

1. 要肯定自己的看法。一定要保证自己的看法绝对性，这样才有利于接下来的说服。否则，自己对自己的看法都很怀疑，那么是万万不能冒这个伤和气的风险去说服对方的。

2. 以幽默的方式批判对方的意见。两人之间说话要委婉点。可以采取幽默的方式，半开玩笑半认真的口吻暗示对方意见簿不可行性。这样给对方留有余地，又不会伤人。

3. 从对方利益出发。两人意见不一致，对方不愿意同意自己的意见，其主要原因就是对方担心自己的意见会伤害到他本身的利益。所以，想要说服他，主要就是从他的利益角度考虑，进行游说。

4. 不能使用命令的口吻。说服对方，重在说，在说的过程中，一定要注意语气，不能使用命令的语气命令对方，那样会使他产生厌恶的感觉，即使以后说再多的好话，先前的厌恶已有，他不会再退让的。

剑桥考考你

▼

你是不是一个易于接受不同意见的人？请尝试回答这几个问题：

1. 你提出的某项倡议，支持的人和反对的人各占多少比例？

2. 你有站在异议者的角度来思考异议的合理性吗？

3. 如果你觉得对方的意见是错的，你一般采取怎样的回应呢？

第六堂课

团队精神

一滴水只有在大海里，才不会干涸

/ 第 1 节 /

没有人，也永远不会有人能独自成功

剑桥箴言

如果说我比别人看得更远些，那是因为我站在了巨人的肩上。

剑桥曾流传着这样一句话："假如剑桥大学有史以来仅仅只培养出牛顿这一个学生，那也是值得的，因为如果没有牛顿，人们所熟悉的 20 世纪就不会出现。"不过，牛顿也有一句话是这样说的："如果说我比别人看得更远些，那是因为我站在了巨人的肩上。"

牛顿是经典力学理论理所当然的开创者。在其大约是 1684 年 11 月写成《论运动》的初稿，此时的他还未建立万有引力这一概念。当时的牛顿还没有领悟太阳吸引每个行星，每个行星还要吸引太阳，而且行星间也互为吸引。不久，牛顿发觉了反作用定律的重要意义，1684 年 12 月在他完成的《论运动》的修改稿中已用相互作用来描述行星运动。1685 年春季，牛顿全力以赴地完成了《自然哲学之数学原理》初稿，才完整地得出一切物体以万有引力互相作用的理论。在此之前，牛顿系统地总结了伽利略、开普勒和惠更斯等人的工作，得到了著名的万有引力定律和牛顿运动三定律。通过大量实验，证明了任何两物体之间都存在着吸引力，最终总结出了万有引力定律。

如果你事必躬亲，那么你能做的事情就相当有限。所有伟大的成就都来自于很多人的共同努力，即团队合作。如果一个人在生活或工作中只看到自己的利益，忽视团队的利益，没有团队意识，是无法在社会上立足的。如果哪个人仗着自己比其他人优秀而傲慢地拒绝与人合作，或者找各种借口，没有积极的合作意识，总是一个人孤军作战，那是十分可怕的事情。所以，没有团队的成功，就没有个人的成功。你要记住，一个人的乐队永远不可能演奏出交响乐。

英国剑桥大学比较心理学家乔舒亚・普洛特尼克带领研究人员在泰国南邦一处大象保护中心用 12 头亚洲象做了一项实验。研究人员在一块平板前摆放了两桶大象最爱吃的食物，并且用一张网将大象与食物隔开，使大象看得到食物却够不到。平板周围焊接管子，研究人员把一根绳子穿进管子“围”起平板，绳子从管子中延伸出来，两端放在网子靠大象一侧。大象若想吃到食物，必须与另外一头大象合作，各拽住绳子一端，拉动平板，把食物拽到跟前。实验结果发现，一头大象在绳子一端可等候长达 45 秒，它明白没有同伴帮助自己拽绳子，就什么都吃不到。此时，一头 5 岁雌象踩住绳子一端，让同伴去拽。此后，多数的大象都是先走到绳子一端，然后等着同伴拽另一端。

对动物而言，看到美味近在眼前而忍住不立即去拽绳子相当不简单，但大象懂得如何合作。人也是一种社会性的动物，人的一切活动都与其他同类有着密切的关系，所以人不可能脱离群体而存在。人作为一个高等级的物种，个体的力量及智商虽然远远超过了大象，但单凭单个人的力量也是根本无法取得成就。所以，生存于社会中的人如果想获得成功，也必须将自己置身于一个或多个优秀的团队当中。

来自剑桥的情商秘密

剑桥大学始终认为，没有团队的成功，便没有个人的成就。让每个学生具备团队意识和团队精神，已经成为剑桥大学生必不可少的一门课程。简单地说，团队精神就是团队的成员为了团队的利益和目标而相互协作、尽心尽力的意愿和作风，是将个体利益与整体利益相统一从而实现组织高效率运作的理想状态，是高绩效团队中的灵魂，是成功团队中不可或缺的特质。剑桥大学认为，对于团队精神，没有谁能比微软公司的理解更为合适，它值得作为每一个人学习的范本。

1. 一群人同心协力，集合大家的脑力，共同创造一项智能财产，其产生的群体智慧将远远高于个人智慧。

2. 个人的创造力是一种神奇的东西，源自于潜在的人类心智潜能。它被情感所丰富，被技术所束缚。

3. 一群人全心全意地贡献自己的创造力，将结合成巨大的力量，结合的创造力由于这一群人的互动关系，彼此激荡，而更加复杂。

4. 这种复杂的情况之下，领导变成像是人际互动的交响乐指挥，辅助并疏导各种微妙的人际沟通。

5. 在团体中的沟通和互动正确而健康时，能够使这一群人的力量完全结合，会产生相加相乘的效果。抵消互斥、沟通顺畅能使思想在团队中充分交流传达，并形成最佳效果。

6. 倘若忽视了团队精神，则只会有平庸的结果。

剑桥考考你

▼

曾经有一匹马和一头驴在一起工作，一次外出，主人在安排任务时给了驴更多的货物，而只给马安排了一点。驴感觉到不堪重负，就和马说：“能不能将我驮的货物分你一点？这点对你来说并不算什么，但对我却可以减轻很多负担。”如果你是那匹马，你会怎么做？

答案：帮助驴子。否则，驴子会因为超负荷累死，主人便会将原来驴驮的货物全部加在马背上。

/ 第 2 节 /

一只大雁只有飞入雁阵，才会有成功的迁徙

剑桥箴言

如果你不会传球，就说明你根本不会打篮球。

牛津与剑桥的赛艇比赛历史悠久。这项比赛的起源来自两个分别在牛津和剑桥大学读书的朋友，英国著名诗人威廉·沃兹沃斯的侄子查尔斯·沃兹沃斯一次突发奇想，在牛津向剑桥的学生查尔斯·梅里瓦勒写下挑战书，在泰晤士河上进行八人艇挑战赛。从 1856 年开始，每年复活节期间，牛津大学和剑桥大学的赛艇比赛和每年夏季的皇家亨利杯划船比赛，都在河上举行。

这个有近 180 年历史的传统赛事，每年吸引 25 万人到泰晤士河两岸观看，600 多万英国人坐在电视机前收看现场直播。一段长达六七公里的泰晤士河，两岸排起了一道厚厚的人墙，有从远处赶来助威的牛津、剑桥的学生，有前来看热闹的伦敦居民，还有幸运的各国游客。整个活动就像一场盛大的狂欢，两岸的酒吧挤满了人，酒吧外几乎人手一杯啤酒。一旦赛艇在人们的视野中显现，立刻人潮涌动，欢呼雀跃，可谓盛况空前。

一支新的学院赛艇队组成都是毫无经验的业余选手，这些学生来自

世界各地，有英国人、德国人、巴基斯坦人、中国人等，在剑桥还在沉睡的时候，队员们就从各自的宿舍出发，穿过空无一人的静谧街道，赶往城北河边的船屋。那里是一天生活的起点。赛艇，要把一个舵手和八个划手合成一支队伍，可实在不是一件容易的事情。在这里，你学到的不仅仅是赛艇的技术，还有剑桥人的团队合作精神。

著名心理学家荣格有这样一个公式：I+We=Fully I（我 + 我们 = 完整的我）。绝对的“我”是不存在的，只有融入“我们”的“我”才是完整的我。一个人要想实现自身价值，就必须与周围的人友好相处，精诚合作，实现优势互补，在竞争中共同发展。也就是我们经常说的实现“双赢”“多赢”。

个人赖以成长和变化的环境和媒介无处不在。其中有一个词汇，每个人都耳熟能详，那就是“团队”。一滴水只有融进大海，才会有不竭的生命；一只大雁只有飞入雁阵，才会有成功的迁徙；一只狼只有加入狼群，才会有猎杀虎豹的良机；一只非洲黑刺大腭蚁只有卷入数以亿计的蚁群，才可以疯狂地吞食一切可食之物；一只身长在 3-30 厘米的珊瑚虫以特异的群生方式保护自己，与其他珊瑚虫钙质共同体，连接成绵延 1000 多公里，甚至从月球都可以看得到清晰的澳大利亚大堡礁！这就是个体变为团队一部分而创造的奇迹，是个体和团队相互发力而引发的神奇！个体成长离不开团队，个体成熟离不开团队，个人成就更离不开团队。

说起团队，不能不提人们经常提及的一个很相像的概念——团体。如果一个群体有组织、有纪律、有目标、有理想、有使命感，并且分工明确，相互依赖，那么这个群体就是我们所讲的“团队”。如果一个群体有组织、有纪律，在一起共同学习和生活，但是没有很明确的职责分工，彼此之间也没有很强的依赖性，那么这个群体不能称为真正的“团队”，只能是一个团体。

团队与团体最大的区别在于，团队拆不散、拖不乱、打不垮。团体存活短、易重组、易消亡。团队因理想和共同的目标而凝聚在一起，而团体则没有战斗力和凝聚力。你应该学习怎样融入团队，与每一位成员和谐共处，精诚合作。生活中，竞争与合作是同时存在的。合作是一种能力，更是一种智慧。一个人的能力是有限的，只有与他人形成合作，才能让你的力量更加强大，争取到更大的成功。心理学家威廉·詹姆斯曾经说过：“如果你能够使别人乐意和你合作，不论做任何事情，你都可以无往而不胜。”

来自剑桥的情商秘密

牛津和剑桥大学的赛艇比赛历史悠久，美国许多大学都纷纷效仿，从这项比赛中可以看出，我们每个人的一生就是在不停地合作，在合作中前进，在合作中成长，在合作中成功。那么，如何才能赢得他人的合作呢？美国管理学家雷鲍夫给我们的建议，我们可以细细品味一下。

雷鲍夫法则——建立合作的法则

最重要的八个字是：我承认我犯过错误

最重要的七个字是：你干了一件好事

最重要的六个字是：你的看法如何

最重要的五个字是：我们一起干

最重要的四个字是：不妨试试

最重要的三个字是：谢谢您

最重要的两个字是：我们

最重要的一个字是：您

剑桥考考你

▼

你和你的朋友都很饥饿，此时得到一位老者的恩赐，给了你们一根鱼竿和一篓鲜活的鱼，你会选择什么？

答：无论你选择的是鱼竿还是鲜活的鱼，都将饿死。除非你与朋友一起，每餐煮一条鱼，并以捕鱼为生，便能长久生存下去。通过合作相互帮助，你会获得更多。

/ 第 3 节 /

发射自己的光，更要点亮别人的灯

剑桥箴言

科学家不是依赖于个人的思想，而是综合了几千人的智慧，所有的人想一个问题，并且每人做它的部分工作，添加到正建立起来的伟大知识大厦之中。

在每一个成功的团队里，都有杰出的领袖人物，例如卡文迪许实验室的领导者卢瑟福，他倡导自由民主的风气，营造宽松、和谐的气氛，树立勇于开拓、乐观向上、无所顾忌的治学风气。在良好的创造气氛下，团队的成员相互协作，优势互补，群体激智，形成整体智力优势，共同攀登科学的高峰，体现出了可贵的团队精神。

卡文迪许实验室是英国剑桥大学，甚至是全世界的一个骄傲。卡文迪许实验室集聚过一大批杰出的研究者，培养出了许多诺贝尔奖获得者，其中有量子力学奠基人之一玻尔，有发现中子的查德威克，有建立相对论量子力学的狄拉克等人。有人说，如果世界上设立培养人才的诺贝尔奖奖金的话，那么卢瑟福是第一号候选人。也有人说，卢瑟福的实验室可称为“诺贝尔奖得主的幼儿园”。

卢瑟福一生至少培养了 10 位诺贝尔奖得主（还不算他自己本人），

作为卡文迪许实验室的领军人物，卢瑟福有着独特的作风和大海一般的胸怀。他的学生，俄罗斯著名科学家卡皮查在 1937 年纪念卢瑟福逝世的演讲中，把他的精神概括为鳄鱼精神（勇往直前的象征）。

我国著名高能物理学家张文裕在 1935 年于卡文迪许实验室当研究生，直接受教于卢瑟福。他回忆卢瑟福说："卢瑟福很尊重学生的个人兴趣，注意发挥每个人的特长。他们那里很开放，想做什么都可以，只要有条件，他就支持你去做。在他的实验室里，讨论气氛很浓，思想活跃。各人可以有自己的看法，不必千篇一律。"张文裕形容卢瑟福与人为善的，很宽容，把学生看成他的孩子。在他的领导下，整个实验室像一个和谐的大家庭。他对人热诚、坦率，甚至爱开玩笑，他的幽默性格往往使大家开怀大笑。

卢瑟福担任卡文迪许实验室教授期间，每年总有二三十名研究人员在实验室工作。这个实验室成了原子和原子核物理的研究中心。卢瑟福早年的同学伊夫曾开玩笑地说："你真是骑在波峰上啊！"意思是指他有这样好的运气，在恰好的时机处于恰好的位置。

卢瑟福则意味深长地答复说："不，波是我造出来的，难道不是吗？"他确实是推动波涛的人，而不是骑在波峰上坐享其成的人。他经过长期艰苦的奋斗，加快了放射学和核物理学的发展步伐。一流的领军人物不仅要有非凡的眼光和高超的学术水平，而且对于团队成员应该有大海一样的胸怀。

团队精神实际上就是这样一种氛围：能够不断地释放团队成员潜在的才能和技巧；能够让每一位成员深感被尊重和被重视；鼓励坦诚交流，避免恶性竞争；找到最佳的协作方式；为了一个统一的目标，大家自觉地认同必须担负的责任和愿意为此而共同奉献。

来自剑桥的情商秘密

卢瑟福本人是一位伟大的物理学家，这是毋庸置疑的。但他同时更是一位伟大的团队导师，他以敏锐的眼光去发现人们的天才，又以伟大的人格去关怀他们，把他们的潜力挖掘出来。如果你是一个团队的领导者，想要增强团队的凝聚力和整体能力，必须遵循如下原则：

主动与团队成员保持良好的沟通。了解团队成员的合理需求并尽力满足他们，创造一个良好和谐的沟通氛围。

尊重团队成员，充分信任。作为管理者对团队成员要给予充分的信任，缺乏信任关系是做不好工作的。

不断给予团队成员鼓励，遇“利”不争，不与成员争权，给予充分授权。给予团队成员适度的自行工作空间，方能调动团队的主动性与积极性。

让团队成员感受到成长的快乐。要让团队成员真正能体验到自身得到了成长，在成长的过程当中体会到成就的快感，方能造就团队成员的向心力与归属感觉。因为一个人在一个团队当中，如果得不到成长，一般只有两条路可选：一是得过且过，最终被淘汰；一是感觉不到需求的满足，最终选择走人。

剑桥考考你

▼

以下测验能帮助你检查自己是否有团队技巧。根据自己表现这种行为的频率打分：“总是这样”得 5 分；“经常这样”得 4 分；“有时这样”得 3 分；“很少这样”得 2 分；“从不这样”得 1 分。

1. 我提供事实和表达自己的观点、意见、感受和信息以帮助小组讨论。

2. 我从其他小组成员那里征求事实、信息、观点、意见和感受以帮助小组讨论。

3. 我提出小组后面的工作计划，并提醒大家注意需完成的任务，以此把握小组的方向。我向不同的小组成员分配不同的责任。

4. 我集中小组成员所提出的相关观点或建议，并总结、复述小组所讨论的主要论点。

5. 我带给小组活力，鼓励小组成员努力工作以完成我们的目标。

6. 我要求他人对小组的讨论内容进行总结，以确保他们理解小组决策，并了解小组正在讨论的材料。

7. 我热情鼓励所有小组成员参与，愿意听取他们的观点，让他们知道我珍视他们对群体的贡献。

8. 我得用良好的沟通技巧帮助小组成员交流，以保证每个小组成员明白他人的发言。

9. 我会讲笑话，并会建议以有趣的方式工作，借以减轻小组中的紧张感，并增加大家一同工作的乐趣。

10. 我观察小组的工作方式，利用我的观察去帮助大家讨论小组如何更好地工作。

11. 我促成有分歧的小组成员进行公开讨论，以协调思想，以增进小组凝聚力。当成员们似乎不能直接解决冲突时，我会进行调停。

12. 我向其他成员表达支持、接受和喜爱，当其他成员在小组中表现出建设性行为时，我给予适当的赞扬。

测试说明：

12—20 分。只为完成工作付出了最小的努力，总体上与其他小组成员十分疏远，在小组中不活跃，对其他人几乎没有任何影响。

21—30分。你十分强调与小组保持良好关系，为其他成员着想，帮助创造舒适、友好的工作气氛，但很少关注如何完成任务。

31—40分。你着重于完成工作，却忽略了维护关系。

41—50分。你努力协调团队的任务与维护要求，终于达到了平衡。你应该继续努力，创造性地结合任务与维护行为，以促成最优生产力。

51—60分。祝贺你，你是一位优秀的团队合作者，并有能力领导一个小组。

/ 第 4 节 /

信任不是态度，而是一种能力

剑桥箴言

一个人接受了公众的信任之后，就应该把自己看作是公共财产。

如果你处在一个优秀的团队中，你必须要充分地信任自己的伙伴，只有这样大家的力量才可以凝聚在一起，形成战无不胜的力量。任何成员对与自己共同战斗在一起的伙伴的猜疑和不信任，都会使团队的战斗力大大削弱，从而使团队及个人的利益遭受巨大的损失。团队成员间充分的信任是密切合作的基础，而密切合作又是形成团队精神的基础。由此可见，相互信任是打造一个成功团队的基本条件之一。失去了相互信任这一基本条件，想打造出一个成功的团队是永远都不可能的。

一位物理老师问听课的学生，什么才是真正的信任。大家给出的答案五花八门。老师并没有作答，开始向学生们解释起物理学上著名的“钟摆原理”：钟摆自最高点往下运动，它来回摆动达到的高度点绝不会高于最高点。由于摩擦力和重力的作用，它的摆动幅度会越来越小，直至最后完全静止。

为了形象说明这一点，老师当场做了演示。他用一根 3 英寸长的细线绑了一把钥匙，再用图钉将线的一头固定在黑板上。然后他将钥匙拨到一定的高度，放手让它左右自由摆动。老师在每次钥匙摆动达到的高度点，用粉笔在黑板上做出记号，黑板上的记号完全印证了钟摆原理。

做过这个实验之后，老师问大家，是否信任他，是否相信钟摆原理。所有的同学都举起手来表示相信。在得到学生们肯定的回答后，他叫人从外面抬进一口硕大的钟，并让人把它悬挂在教室的钢筋横梁上。接着，他请一位同学让其坐在摆钟前方。然后，老师将钟推到距离这位同学鼻子只有 1 英寸的地方。一切就绪后，老师再一次为大家解释了钟摆原理，接着说道：“这口钟有 270 磅重，我在距他鼻子一英寸处放开钟，钟再次摆回时，离他鼻子的距离只会多于 1 英寸，绝不会碰到他的鼻子，更不会撞上他。”

然后，老师问这位学生是否相信这个物理原理。这位同学勉强地说相信。老师说着放开了那口钟，这个庞然大物从最高点往斜下方坠，迅速摆向另一端。在到达另一端的最高点后，突然转向往回摆动，朝着这位同学坐着的地方迫近。就在钟还未靠近自己之前，那位同学几乎是从椅子上一跃而起，避开了似乎要把他撞得头破血流的重物。根据钟到墙壁的距离判断，钟绝对不会撞到那位同学——如果他还坐在那里的话。

屋子里鸦雀无声。老师微笑着问大家：“他相信钟摆原理吗？他信任我吗？”同学们都异口同声：“不！”

从上面的事例，我们可以看出，信任绝不是一种态度那么简单，而是一种能力。从根本上来说，一个人对外界的人和事物的信任，是其对自己的信任外向投射的结果。

还有一个游戏也充分地说明了这一点：在一个小组中，一个人用手巾蒙住眼睛往后倒，有两个人在后面接着他，不会让他倒地受伤。有的人可以毫无顾忌地向后倒下去；有的人要拉开毛巾看一看身后是否有人、而且是否身强力壮，才放心地倒下去；还有的人，即使在确定了后面有人接着，也不能够倒下去。

在这个游戏中，能够向后倒下去的人，拥有信任他人的能力。从这个游戏中我们可以看到，信任他人，是需要冒一点风险的，因为完全有那么一种可能性，你倒下去时别人闪开了，没有按照游戏规则保护你，又或者他们想去保护你却没有足够的力量，这两种情况你都会受伤。那些放心地倒下去的人，是把自己的值得信任的部分投射到了身后的保护者身上，这样的人做保护者也会尽职尽责，也许一个更简单的例子可以把这个问题说得更加清楚：在贼的眼里，所有的人都可能是贼。从这个意义上来说，信任他人，就是信任自己。

人与人之间的信任，从来就是相互的。在我们不信任他人的时候，得到的"回报"也会是不信任。身处互不信任的关系中，没有人会觉得愉快。但若我们信任他人，"回报"也会是信任，身处这样的关系中的每一个人，都会得到人格上的滋养和提升。

来自剑桥的情商秘密

信任，实际上就是指相信而敢于托付。赢得别人的信任最重要的原则，就是你值得他人信任。那么，如何做到这一点?

1. 最能赢得别人信任的是个人的良好行为。一个人要获得别人的信任，其前提是自己要诚信，别人的信任是对自己诚信行为的最好奖励。如果自己不诚信，就不能指望别人信任自己，实际上得不到别人的信任也是一种惩罚。在这个意义上讲，诚信不仅是一种美德，而且是对一个人做人、做事的基本要求。

2. 先相信自己，然后别人才会相信你。当你对自己抱有的信心，会将使别人对你萌生信心的绿芽。试想一下，一个人做任何事情时，说话总结结巴巴，声音还不如蚊子，叫别人如何有勇气把重任交付给他?

3. 赢得信任，需要履行诺言。日常生活中，有些人通常会说一些不在意的话，而我们则会应对着说一些客套话，开一些空头支票。可是假如你能将这些空头支票兑现，就会给别人留下很好的印象，他们会认为你这个人非常热心，乐于助人，这样就会信任你。而且，当对方对自己所提的要求越不认真，而你却实现它，这种效果就会越好。

剑桥考考你

▼

你身边的朋友或者亲人，对你的信任度有多高呢？在别人看来，你是一个说话算数、真实可靠的人吗？以下，就来做个人际形象测试，看一下，在别人眼中，你是一个什么样的人！如果要你去参加最热门的高温瑜珈，你最在意的是什么？

A . 怕自己不能放松

B . 怕别人不能专心

C . 怕自己的身材被人批评

测试说明：

选 A 者，你说的话“别人都会自动打折扣”。因为爱面子又常夸大事实的你常让人搞不清你的话哪句是真，哪句是假？对你说的话总是半信半疑，这类型的人很孩子气，常常会开玩笑，因此常常搞到大家对他讲的话都半信半疑。

选 B 者，你说的话“别人基本上不会当真”。因为天性喜欢开玩笑又白目的你说话没半句正经，你说的话大家只当笑话听听，根本没任何可信度，这类型的人越天马行空越开心，而且常常会弄一些紧张的情况去惊吓朋友，久了之后大家都会认为他完全没有可信度。

选C者，你说的话“别人是百分百信服”。因为做人有原则又懂分寸的你会对自己说出来的话负责，所以只要是从你嘴里说出的话大家都会打从心里相信，这类型的人在专业的领域中有自己的坚持和原则，他会对自己说出来的任何话负责任，因此大家听了他的话都觉得可信度很高。

/ 第 5 节 /

莫让自己成为拖团队后腿的“短板”

剑桥箴言

将合适的人请上车，不合适的人请下车。

一根麻绳，不管整体看上去多么粗壮、结实，只要有一点破损的地方，问题就可能在这个地方出现。对于一个团队来说，个别成员的懒散和疏忽可能导致整个团队计划和目标的失败。现实中，有的团队成员在碰到一些难办的事情时，首先想到的不是如何去努力地克服困难，而是把希望寄托在伙伴的身上，希望大家能帮他解决问题，甚至直接把问题交给别人来处理。由这样的成员组成的团队永远都不会成长为优秀的团队。

作为一个人，不可能尽善尽美，难免存在着这样或那样的“短板”。面对自身“短板”，是消极回避遮遮掩掩，还是直面问题以求改进，往往考验着一个人的人生态度和生存智慧。明智的人只会选择改进，及时补短，克非改过。一个人是这样，一个团体也同样如此。一个团体要想成为一个盛水较多、结实耐用的“水桶”，就要想方设法提高所有木板的长度，只有让所有的木板都达到“足够高”的高度，才能完全发挥团队作用。

生活在海边的人常常会看到这样一种有趣的现象：几只螃蟹从海里

游到岸边，其中一只也许是想到岸上体验一下水族以外世界的生活，只见它努力地往堤岸上爬，可无论它怎样执着、坚毅，却始终爬不到岸上去。这倒不是因为这只螃蟹不会选择路线，也不是因为它动作笨拙，而是它的同伴不容许它爬上去。每当那只螃蟹就要爬上堤岸的时候，别的螃蟹就会争相拖住它的后腿，把它重新拖回到海里。因此，你千万不要成为团队的“短板”，拖团队的后腿。

在一个团队中，每个成员的优缺点都不尽相同，你应该积极寻找团队成员中积极的品质，并且学习它，让自己的缺点和消极品质在团队合作中被消灭。如果团队的每位成员都积极寻找其他成员的积极品质，那么团队的协作就会变得很顺畅，团队整体的工作效率就会提高。

你应该时常检查一下自己的缺点，比如自己是不是还是那么对人冷漠，或者还是那么言辞锋利？是不是还是固执己见，无法听取他人的意见，或无法和他人达成一致？如果你意识到了自己的缺点，不妨就在某次讨论中将它坦诚地讲出来，承认自己的缺点，让大家共同帮助你改进，这是最有效的方法。当然，承认自己的缺点可能会让你感到尴尬，但你不必担心别人的嘲笑，你只会得到他们的理解和帮助。

来自剑桥的情商秘密

如果你想成为团队的建设者，而不是拖后腿的人，那么请你做到以下几点：

1. 你自己要在自身素质与个人能力上有所提高。

2. 坚持团队的原则，当事情在预期的时间内没有实现时不放弃。

3. 做你团队里的每一个人的学生，学习他人优点。

剑桥考考你

▼

你是团队的建设者，还是拖后腿的人？请用“是”或“不是”回答以下问题：

1. 你鼓励并帮助他人参与你为自己选择的专业技能提升活动吗？

2. 你会牺牲自己的时间，在聚光灯下培训他人，以便让他们更胜任工作吗？

3. 你是否寻求过帮助，并在得到表扬的时候跟帮助过你的人分享荣誉？

4. 你真的乐于帮助他人建立自尊吗？

5. 你会先去寻找解决问题的方法，而不是先找一个人来责备吗？

6. 当有人带了问题来找你，你会少说多听吗？

7. 你会和周围的人分享新知识与信息吗？

8. 你会寻找更多方法，以帮助周围的人更好地做好手头的事情吗？

9. 当出错的时候，你承担责任的速度与程度，与你享有荣誉时的速度和程度一样吗？

10. 你为他人做事的时候，是不求回报的吗？

测试说明：

如果你的回答都是“是”，那你就是一个真正的团队建设者。

如果你的回答多数是“是”，但不是全部，你也是一个很好的团队成员。

如果你的回答大部分甚至全部是“不是”，那你就是一个不折不扣的拖后腿的人。而且，你并没有意识到自己早已经给团队带来了消极影响。

第七堂课

领袖气质

一种在未登顶之前就有的一览众山小的魄力

/ 第 1 节 /

培养你的领袖气质，挖掘自己潜在的价值

剑桥箴言

天赋、家庭背景并不是衡量一个人领袖气质的客观依据，拥有领袖气质的人也并不是那些总能给人冲击感和责任感的煽情人物；相反，他们总是能够展现自己，并不断发展自己，让自己成为对他人、社会有用的人。

剑桥大学从诞生之日起就注定了它的贵族底蕴和领袖气质，几百年来，它所推行的精英教育，让剑桥大学在国际上获得了极高的声誉。在过去的几个世纪里，剑桥大学在科学技术方面做出了巨大贡献，产生了一批极具影响力的科学家。如牛顿、达尔文等。不仅如此，剑桥大学也是国际政界、经济界精英的培训之地。英王乔治六世，丹麦女王玛格丽特，威尔士亲王查尔斯，爱德华王子等众多英国皇室成员，以及印度前总理尼赫鲁、拉吉夫·甘地，马来西亚前总理赫曼，新加坡前总理李光耀等，都选择在美丽而静谧的剑河河畔完成自己人生的蜕变。

从这些剑桥人的身上，我们会发现，这些人早期并无杰出的表现，而是与周围的同龄人一样，过着平淡无奇的生活，像其他的孩子一样玩耍、游戏，与成绩平平的兄弟姐妹一样遵守着各种规则，并经受着各种新潮流、新思想的冲击。即便他们之中有的人家庭背景特殊，但这并不

是最重要的。关键的是他们都有一个共同的特征：喜欢探索外部世界，热情乐观，主动面对和解决各种问题，尤其是能主动地与人交往，表现出合群、自信、坦率等行为倾向。

在生活中我们也会发现这样一些人，他们担当着核心的角色，他们的言行能够被别人认可，并指引着别人的行动。这些人的性格特征包括自信、勇敢、上进、友好、坦诚、力行、勤奋、精力充沛、理想主义等，我们可以把这种人所具备的特征称为"领袖气质"。

几百年来，剑桥大学注重的是培养出一种积极向上的心态，一种在未登顶之前就一览众山小的气质。剑桥毕业的学生往往自主、自信、亲切、坦率、真诚、正直、值得信赖、勇敢、沉着、冷静、积极向善、理解他人、同情弱者，既关爱身边的人，又关心社会……他们善于不断地解决问题，并把这些问题当作新的挑战和机会；他们喜欢变化，在变化中寻求刺激和成长；他们更喜欢追求自由，在自由的、无拘无束的环境中成长并追求人生的意义……他们所走的每一步都不是平稳顺利的，即便某一天他们成为某个领域的杰出人物，都是来自于他们的这种杰出的个性。

无论你未来做什么，你都应该具有披荆斩棘、突破变革的魄力，或者更确切地说，让自己具备这种"领袖气质"，去做一个开拓者，而决非安享舒适环境，循规蹈矩的坐享其成。培养自己的"领袖气质"就是一个认识自我，寻找自我、挖掘自我潜在价值的过程，这个过程会让你惊讶：原来我自己还有这样多的潜能，原来我比自己想象中更优秀。

来自剑桥的情商秘密

剑桥大学极为注重培养学生的领袖气质，每个学生都能在学校丰富的课外活动中找准自己的定位，培养独立、自信、创新的个性。剑桥大学也致力于培养学生们的领导力、影响力、自信心、独立性、事业心和创造力，为他们的成长做好准备。

那么，一个人的领袖气质，包括哪些方面呢？

1. 保持永远的好奇心和不断的学习能力。

2. 一个能够实现的梦想。剑桥大学录取学生关注的不是你感觉自己能做什么，有多么伟大的抱负，而是你有没有实实在在地想过如何将这些抱负付诸实现，而且做到更好。

3. 有传达愿景并激励他人跟随他的能力。

4. 面对未知，敢于冒险。

5. 个人品质：自知、坦诚、成熟，并能接受他人的批评。

6. 肯花时间去思考，深思熟虑会带来答案和决心。

7. 坚定信念，为自己和别人期待最好的结果。

8. 懂得坚持。若想有所成就，绝非一蹴而就，要积累一点点的小成功来获取大成就，而不是空想巨大成功的到来。

9. 从不自我设限。不会因为环境、地位、身份设定自己，而会主动成为自己的主宰。

剑桥考考你

▼

你的个性具备领袖气质吗？

1. 别人拜托你帮忙，你很少拒绝吗？

2. 为了避免与人发生争执，即使你是对的，你也不愿发表意见吗？

3. 你遵守一般的法规吗？

4. 你经常向别人说抱歉吗？

5. 如果有人笑你身上的衣服，你会再穿它一遍吗？

6. 你永远走在时髦的前列吗？

7. 你曾经穿那种好看却不舒服的衣服吗？

8. 坐车时，你曾经咒骂别的驾驶者吗？

9. 你对反应较慢的人没有耐心吗？

10. 你经常对人发誓吗？

11. 你经常让对方觉得不如你或比你差劲吗？

12. 你曾经大力批评媒体上的言论吗？

13. 如果你的朋友没有做好你交代的事情，你会反感吗？

14. 惯于坦白自己的想法，而不考虑后果吗？

15. 你是个不轻易忍受别人的人吗？

16. 与人争论时，你总爱争赢吗？

17. 你总是让别人替你做重要的事吗？

18. 你喜欢将钱投资在玩乐上，而胜过于个人成长吗？

19. 你故意在穿着上吸引他人的注意吗？

20. 你不喜欢标新立异吗？

测试说明：

回答“是”得1分，回答“否”得0分。

14—20分。你并不具备领袖气质，喜欢被动地听人指挥。在紧急的情况下，你多半不会主动出头带领他人，但你很愿意跟大家配合。

7—13分。你可以随时带头，或指挥别人该怎么做。不过，因为你的个性不够积极，冲劲不足，所以常常是扮演跟随者的角色。

0—6分。你具备领袖气质，而且个性很强，不愿接受别人的指挥。你喜欢、乐于承担，勇于负责任。

/ 第 2 节 /

不断学习，积累你自己引以为傲的资本

剑桥箴言

领导力和学习能力对每个人都是必不可缺的。

善于学习，积极探究世界，是成为领袖人物的首要条件。为了尝试各种新鲜事物，为了获取更佳的业绩，为了加强各种关系，领袖人物能够约束自我、克服恐惧和消除焦躁。他们能够战胜自我，为获取成功和实现梦想而付诸行动。

对于这一点，国际公认的领导和管理巨擘约翰·阿戴尔极为赞同，约翰·阿戴尔在剑桥大学完成学业之后，便成为英国著名的桑德赫斯特皇家军事学院的领导艺术培训顾问。他认为，无论一个人掌管的是什么，只要他知道自己想要什么，并且能够实现它，那他就是好的领导者。不管他管理的是一支球队、地产公司、城市还是军队，都是如此。出色的领导人应该具备并展现他的良好品质，如热情、正直，兼具坚韧、公正、精力充沛和适应力。要对一切新鲜事物保持好奇心，并不断地学习。

现代社会是一个信息的社会，科技日新月异，知识更新频繁而迅速。一个人如果不具备较强的学习能力，那就很难有所进步。尤其是学生时代是为将来的成才、成功积累各种能力的黄金时期，如果不在这个时期培养好自己的学习能力，那么，就难以在未来社会的激烈竞争中取胜。所以培养较强的学习能力，掌握自主学习方法，就能够充分发挥自己的学习潜能，积极主动地学习自己所需的各方面知识，从而使自己将来能够成为社会所需要的优秀人才。

著名导演陈可辛那部广受好评的电影《中国合伙人》，男主角成东青的原型俞敏洪说，“人大致可以分成四种：不会读书但是会做事的人；不会做事但是会读书的人；会做事又会读书的人；不会做事又不会读书的人。前三种人里面都有伟大的诞生，所以如果不会读书也不要紧，不要放弃自己。但千万不要做第四种人。”他说，自己 18 岁之前一直都在农村，有个“下放”的老师鼓励大家都去考大学。

第一年他英语考了 33 分，“以最快速度变成了农村的优秀手扶拖拉机手”。“但我不想一辈子拄着锄头。”俞敏洪说，当拖拉机手的那段时间，他每天在水田里，跟着拖拉机跑 20 公里，于是下定决心还要考，一定要考出去。第二年参加高考，再次落榜，英语考了 55 分。在补习班的岁月，他每天早上 6 点起床、晚上 12 点睡觉，拼了老命把成绩提上去。高考那年的 3 月，俞敏洪成绩到了全班第一。当年高考，他所在的班在江苏省创下“奇迹”：40 个学生，38 个人上了大学。

你应该努力让自己升值，这样一切才有价值。你必须放弃舒适的常规生活，不再躺在荣誉簿上酣睡，在这个世界上，永远有人是你赶不上的，也有人是永远在你后面的，停止学习就意味着退步。斯皮尔伯格那部广受好评的电影《林肯》让美国第十六届总统置身于闪亮的聚光灯下。影片重点讲述了林肯如何运用领导力说服国会通过宪法第十三项修正案。他那非凡的领导特质魅力永恒，正是源自林肯的刻苦学习。林肯常常钻研到深夜，他阅读大量军事战略方面的著作，研究各种报告，忠实履行自己作为军队领袖和国家元首的职责。因此，你要记住，选择学习就是选择进步，没有学习力就没有竞争力，提高学习力就是增强竞争力、创造力、领导力。

来自剑桥的情商秘密

剑桥大学鼓励自主性教学就是要告诉学生，当今社会的竞争都是人才的竞争、资源的竞争，所有的竞争归根到底都是学习能力的竞争。道理很简单，学习力较强者，不是人才也会变成人才，是人才会变成高级人才。有些人一听到学习，就会头痛，其实学习并不如你想象中的那么困难，不妨按着下面三种方法来锻炼你的学习能力，你就会发现学习其实是一件非常轻松快乐的事情。

1. 学习与生活相结合。要懂得在学习中获得到快乐和知识，如果你把学习当成任务来看待，找不到任何乐趣的话，你将会不快乐，将会在烦恼中忍受你的生活。

2. 学习与运用相结合。要坚持理论联系实际的原则，善于借鉴成功的经验突破实际生活中的薄弱环节，找到解决问题的有效思路和办法，开拓实践和理论创新的新境界。

3. 学习与思考相结合。不思考的学习，毫无用处。记住，前人成功的经验，以及书本提供的知识不是现成的教条，你需要将这些经验与知识转化成自己的，总结、反思其经验教训，从而保持清醒头脑，做出准确判断。

剑桥考考你

▼

学习能力的强弱决定了你竞争力的强弱，此测试可以让你了解自己的学习能力。每个问题的选项为：A. 经常；B. 偶尔；C. 从不。选 A 得 3 分，选 B 得 2 分，选 C 得 1 分。

1. 喜欢记忆背诵诗句、文章。

2. 喜欢看报纸、杂志，而不管是不是看得懂

3. 提出诸如“什么时间开始的”一类问题

4. 喜欢自己观察某一种东西

5. 对新鲜的事物表现出兴奋

6. 可随音乐起舞或演唱

7. 常问闪电是怎么回事，云是如何形成之类的问题

8. 如果你在他非常熟悉的故事中更换一个词，他会立即改正过来

9. 可轻而易举地学会骑自行车、溜冰等

10. 很愿意扮各种角色，并喜欢编故事，自己做主角

11. 走街过巷，能指出这里或那里他曾经到过

12. 喜欢听各种乐器演奏，凭乐声便能判断出是哪种乐器

13. 擅长绘制地图和描绘物体

14. 善于模仿人的各种动作和表情

15. 乐于按照大小和颜色对事物进行分类

16. 会进行推测

17. 听故事的时候乐于设想下面的情节

18. 可对不同声响进行评论

19. 当初次见到某人时，往往会说：“你使我联想起某某。”

20. 能准确判断自己能干些什么或不能干些什么

测试说明：

50—60 分。学习能力很强；

31—49 分。学习能力一般；

20—30 分。学习能力较差。

/ 第 3 节 /

打造你的个人魅力，就是打造完美人生

剑桥箴言

美丽使你引起别人的注意，睿智使你得到别人的赏识，而魅力，却使你难以被忘怀。

个人魅力是塑造领袖气质不可忽视的一个因素。个人魅力并不是一个简单的穿衣、外表、长相、发型、化妆的组合概念，而是在你表露自我思想、追求抱负、个人价值和人生观时给人留下的印象。可以说，个人魅力是一种内在的吸引力与影响力，是一种人际互动中情绪的扩散与传达，是一种教养、举止、气质的糅合体。

剑桥大学就要求学生都要有这样的意识，从生活上的每一个细节之处来要求自己，打造自己的个人魅力。并反复地向学生的思想中灌输这样的观念：一个具有领袖气质的人靠的不仅仅是自己的杰出的才华与能力，他们也应如同一个演员，要懂得运用个人魅力，来展现自己，表达自己。

美国社会学家、心理学家罗纳德·里亚戈曾说："魅力并不是一个人天生所拥有的东西，它既不是遗传也不是先天赋予的素质，而是后天培养起来的，尤其重要的是，我们每一个人都有形成自己独特魅力的潜质。"

一个具备领袖气质的人，总是镇定自若，能恰如其分地处理各种突发事件，贤明而谦逊，平易近人，不见利忘义。他们除了修炼自己的人品、强化自己的学识、完善自己的性格之外，更注重自己的仪表、提升自己的形象。形象不单是外表的形象，很大程度上还来自一个人由内而外散发出来的气质。

美国总统罗斯福年轻时，常常是一身花花公子打扮，给人以玩世不恭的富家子弟形象。而在 1910 年，他为了竞选州参议员，一改往日的装束，以朴素、勤劳的形象出现在乡村的选民面前。为了获得更多选民的支持，他驾着一辆既无顶篷又无风挡的汽车，在丘陵、田野和泥泞的小道上奔波不止，经常弄得一身雨水或者满身灰尘。有一次，车子在半路坏了，他就步行，走遍了各个村庄、店铺，走访了每一户居民。罗斯福的形象让选民印象深刻，他也在竞选中，因此而大获全胜。

什么是领袖气质？人们期望“领袖有着杰出的优势，他有魅力、有漂亮迷人的音质、自信的手势、能充分利用身体语言进行沟通和交流”，总之他们至少“看起来就像个领导者”。

西方有句名言 ：“你可以先装扮成‘那个样子’直到你变成‘那个样子’。”注重自己修炼，让自己从内到外散发着领袖的魅力，会为你敞开幸运的大门，让你脱颖而出。记住，打造你的形象，就是打造你的完美人生。

来自剑桥的情商秘密

你想成为一个领袖人物吗？那么你必须做到以下几点 ：

1. 个人气质应当与外在的形象一致。如果忽略了个人的气质，那只会给大家提供笑料。建议准备几套适合自己的衣服，这样可以增加你的自信心。

2. 自信的神态会表现出威严与干练。对自己有充分的信心，才能赢得追随者的信任及他人支持。

3. 第一印象就是最终印象。不过你也要知道，最稳固的关系必然建立于连续的印象，这些不同印象互相影响、彼此强化而留存。

4. 树立你的追随者需要的形象。要想社团或球队的领头人，就要塑造鲜明个性的形象。形象给人留下的影响最深刻，因而对人们的影响力也最直接。

5. 时刻注意细节。剑桥大学在培养学生的个人魅力的教育中，最重要的一环是让学生学会注意生活的细节。生活中的细节往往会影响你在他人心中的形象。

剑桥考考你

▼

华尔街有句俗语：不要相信那些

A. 穿破西服的人　B. 鞋跟破旧的人

C. 西服不正的人　D. 头发不整的人

答案：B。

华尔街的这句俗语原话是这样说的，永远不要相信一个穿着破皮鞋和不擦皮鞋的人。英国鞋匠也有一句话："低头看看他脚上穿的鞋子，就知道他真实的身份。"

记住，如果你渴望成为一名出色的人，那么就要为出色而建立自己的形象，而不要为了漂亮而穿着。

/ 第 4 节 /

扩大影响力，让你从默默无闻到众所周知

剑桥箴言

你可以被任命为管理者，但只有你的下属在心目中认可你的职位，你才是真正的领导者。最优秀、最完美的领导方式就是以身作则，相对于“去干吧”，“跟我来”是一个好得多的命令。

英国作家斯迈尔斯在《人生的职责》一书中，曾讲过一个十分感人的故事：古雅典有位名叫阿里斯蒂德的军队统帅，他勇敢、正直、善良、俭朴，参加过马拉松战役，指挥了柏拉图战役，对国家而言，他可谓是功绩赫赫。然而更让百姓佩服的倒是他善良、俭朴的人格魅力。以至有一天，阿里斯蒂德和众将士一起观看一场悲剧演出，当演员一连几次提到“俭朴”与“善良”的台词时，全场观众的目光竟然不约而同地转移到他身上……无疑，他因为以自觉形成的俭朴与善良的人格操守，为雅典人树立了典范。他虽然是国家的最高级官员，死的时候却非常贫穷。

衡量一个人的领袖气质，全看他所散发出的影响力。当人们愿意跟随你，哪怕只是出于好奇，都足以表明你已经是一个优秀的人，散发出领袖的魅力。要成为这样一个人，不仅自己必须在前面带头走，而且还得有人愿意跟随身后。影响力的提升不是仅靠手中的权力来施压的，它

更多的是强调一个人的人格魅力，这就要求，无论是你的行为准则，还是你的思维方式，都是符合多数人要求的。简单地说，就是无论你在说话还是做事方面，都不要令人反感。比如说你要领导别人，尤其是一个团队，首先就是要让别人接纳你，理想的状态是喜欢上你，达到这样的效果后，他们对你的尊敬才会慢慢培养起来，你的影响力才会逐步提高。

有没有想过你自己的影响力是多少？你说一句话能够影响多少人？你的影响力决定着你的生活、学习。你在学校中的影响力决定你走进社会后的地位，你在社会上的影响力决定你的薪水和职位，也只有你拥有足够的影响力之后才能领导他人。

来自剑桥的情商秘密

剑桥大学录取学生的标准绝不仅仅是他的学习成绩，更看重的是一个学生的综合素质和人格魅力。无论你以后从事什么样的事业，一个人的影响力都至关重要，通过培养这些素质，就可以让你的未来之路更宽阔。

1. 以身作则的成熟个性。你要时刻记住，总有人会一直观察你的行为，留意你是否“言行一致”。

2. 高效的人际沟通能力。具备高效的沟通能力，才能影响别人帮助你实现目标。

3. 永远充满激情。充满激情的人每天都能向梦想迈进，而且还感染和鼓励身边的人去完成梦想；他们知道自己想要的是什么，并且知道如何去完成它。

4. 知人善任的决断能力。汽车大王福特的墓志铭是这样写的：这里埋葬着一个人，他终生都在发现比他更能干的人，并为他所用。如果你能做到这一点，你就能不断成长。

剑桥考考你

▼

请根据你在生活中的实际情况，用 1—5 分对以下八项描述进行自评。1 分表示你的实际情况与描述完全相反，5 分表示你的实际情况与描述完全一致。

1. 我知道其他人如何评价我的个性和为人。
2. 我向我信任的人征求对我的看法，来了解他们如何看待我的专业性。
3. 我在沟通前会思考我的建议能为对方带来哪些益处。
4. 我会向别人清楚地解释我的建议，如何让所有参与者受益。
5. 我常常会利用故事、隐喻和类比的方式，让人更好地理解我。
6. 我常常会运用视觉图片去说明所用的各种资料。
7. 我在给出建议之前，会想办法测试出重要人物对于这些建议的反应。
8. 在阐明建议时，我会根据他人的特点，调节情绪，让他们更容易接受。

测试说明：

8—16 分。表面明你需要投入更多的精力去提升个人影响力。

17—27 分。表明你能够在某些场合运用有限的策略影响他人，并能取得一定效果，但还有提升空间。

28—40 分。表明你能够很好地根据不同的说服对象，组合性地使用不同的策略，有效达成目标。

/第5节/

三分能力，七分沟通

剑桥箴言

伟大的领导，在于沟通。

在现实生活中，我们往往会发现，年龄、学历、起点相同的人，工作水平和业绩却有很大差别。究其原因，一个重要因素在于他们沟通能力。大量事实证明，掌握沟通的方法和艺术是一个人能否取得成绩的关键。另外，一个善于与人沟通相处的人也更容易吸引到优秀的人才。

在最伟大的美国总统评选中，已经去世120多年的林肯总统至今还位居榜首。要想搜集一些有关林肯总统生涯、领导能力的书籍是轻而易举的。到底林肯总统用何种魅力征服了世人呢？很多学者一致认为，林肯总统诚实的品性、正确的价值观、有效的沟通能力是他能成功的关键因素；同时也对林肯面向民众的热情给予了很高的评价。林肯9岁时就失去了母亲。也许正是这次精神上的打击使曾经的林肯更害羞，行为举止也变得更加消极，以至于他经常被身边的孩子们欺负，在女孩子当中也不大受欢迎。当林肯进入青少年阶段时，他发现自己具有讲故事的天赋，于是他不断开发和运用这个才能，从而锻炼了自己的沟通能力，林肯很快就和身边的人关系变得密切起来。

与他人面对面的沟通会给你带来不少好处，其中最大的好处就是，有助于对事实真相的洞察，也便于锻炼思维。或许你生活中总会遇到不喜欢的人，但通过沟通可化敌为友，因为不管是再怎么令人讨厌的人，要是能够经常碰面进行沟通，那你也可能发现和理解对方的另一面，同时也可增多对他的信任。

一个沟通不好的人在未来之路会出现重重障碍，使本可顺利进行的事宜更加困难重重。试想一下，你能寄希望于一个随时指手画脚的篮球队队长领导好球队、赢得胜利吗？一个善于沟通的人，总会注意倾听别人的要求，并做出积极相应的反馈，达到有效沟通，从而扫清一切障碍，让事情都变得简单可行，所有人也都愿意跟随这样的人。

来自剑桥的情商秘密

沟通能力如何重要，该如何做才能提高沟通能力呢？

1. 别说谎。信任是简单有效沟通的基础。存在信任时，人们会原谅许多事情；而没有信任时，人们很少原谅什么。

2. 与人亲近。一个富有领导力的人绝不会总与人保持距离的。如果不与人发展出有意义的关系，那么你永远不会知道他们在想什么。

3. 说话要明确具体。明确具体的沟通内容永远比模棱两可好得多，学着清晰地进行沟通，会让你的工作畅通无阻。

4. 闭嘴倾听。优秀的领导者知道何时开口、何时少言，以及何时闭口不言。最好的沟通产生于平等、真诚的谈话中，而不是演讲或独白。

5. 用换位思考取代自我。换位思考有助于将愤怒转变为尊重，将怀疑转变为信任。

6. 沟通时既要讲真话，又要注意措辞和语调。重要的不是你说什么，而是如何表达。听者的情绪不但受其信息内容的影响，而且也会受到真实度的影响。并且不同的表达方式，与不同的语调轻重、面部表情及措辞用句都可以影响语言所传达的效果。

剑桥考考你

▼

客观地评价自己是否具有良好的沟通能力，请尝试回答以下问题：

1. 你真心相信沟通在生活中的重要性吗?
2. 在日常生活中，你在寻求沟通的机会吗?
3. 当你站在演讲台时，能很清晰地表达自己的观点吗?
4. 你善于发表自己的观点吗?
5. 你是否经常与朋友保持联系?
6. 在休闲时间，你经常阅读书籍和报纸吗?
7. 你能自行构思，写出一份报告吗?
8. 对于一篇文章，你能很快区分其优劣吗?
9. 在与别人沟通的过程中，你都能清楚地传达想要表达的意思吗?
10. 你觉得你的每一次沟通都是成功的吗?
11. 你觉得自己的沟通能力对未来的工作有很大帮助吗?
12. 喜欢与你的老师一起进餐吗?

测试说明：

回答“是”得 1 分；回答“否”得 0 分。

8—12 分。说明协调沟通能力比较好；

5—7 分。说明协调沟通能力一般，有待提高；

1—4 分。说明协调沟通能力不太好，需要好好培养。

/ 第6节 /

领袖不是因“权”而“威”

剑桥箴言

假如你能用行动激发他人梦想更多，学习更多，做更多是或者成为更伟大的人，你就是一个领导者。

具有领袖气质的人身上仿佛有一种无形的力量，他的言行总是能够影响他人，众人也愿意信赖他、支持他，更愿意跟随他，即使众人感到希望渺茫之时，也愿意依靠他、尊敬他。无论何时何地，这样的人似乎总能一呼百应，这种力量就是号召力。号召力是每个人都渴望的一种能力。不过在生活中我们会发现，有些人无论怎样都难获得别人的支持，而有的人却不同，他们似乎是天生的领袖，组织或团队的灵魂人物，能够召集人们迈向共同目标，并发挥出最大的作用，不断激发人们的信心。一个有号召力的人，总能增强团队的实力，形成超强的竞争力和战斗力。与此同时，他自己也在众人之中脱颖而出，吸引更多的人追随他。

一个有号召力的人首先是值得信任的。赢得大众的信赖，是拥有号召力最基本的前提。否则，你的身边难有追随者。对于追随你的人来说，信赖就是相信一种被称为“正确”的非常传统的东西，也是对你最大的敬意。

一个有号召力的人肯定是一个责任感极强的人，总能以身作则，身先士卒，从不会以居高临下的心态来对待他的追随者，而总能清楚地认识到自己所处的职位应该担负的责任，并负责到底。

一个有号召力的人必定是一个对自己从事的工作充满热情的人。首先你要热爱自己的事业，自始至终都能保持特别的热忱，用你的热情去激发周围人的热情。如果你不能激发别人的热情，或者说不会激励他人，是没有资格成为一名领头人的。热情既没有替代物，也很难量化，但它是富有领袖气质的人实现目标和完成任务的一种催化剂。

一个有号召力的人对未来有明确的发展方向，并且向自己的追随者表达理想，最重要的是将这些理想变成他们的理想，鼓励大家按着理想去前进，愿意与大家风雨同舟，荣辱与共。

总之，号召力是领袖气质最直接的表现，是一个人的亲和力、责任感、宽容心、决策力、管理能力等各种优秀的品质的总和。号召力的意义在于，只有打造一个团结一心、具有很强的凝聚力的组织团队，才会有竞争力与战斗力，也只有这样的一个团队，才是无坚不摧、无往不利的。领袖是“领头雁”，是追随者的引航人、航标灯，若想有效地带领别人建功立业，就一定要有很强的统率能力，也可以说是号召力。而这种号召力包括组织、指挥、控制和协调能力等，任何一种能力的发挥都离不开与其他人的合作，就是为什么我们这么强调团结、合作的原因。

一个人若想在将来有所作为，与人相处和建立深厚感情的能力，是绝对不可或缺的。也只有这样的人才会具有强大的号召力，才会建造团队精神。他人之所以愿意追随你，通常不是因为某个计划，而是因为你是一位具有个人魅力、风格独特、颇具号召力的人。

来自剑桥的情商秘密

英国的剑桥大学管理学院院长道森曾表示，剑桥大学的学生来自世界各地，国际化的生源给学生们带来的好处就是，通过在剑桥的学习，每一个学生都会拥有一个国际化的人际网络。这对于他们的工作、学习是有帮助的。剑桥大学鼓励这些来自世界各地的学生，在学生组织和社团活动中担任学生领袖，这些人都是由学生们自发选举产生，这个人需要具备领导力、号召力和魅力。当然，号召力不是一朝一夕练就的，但只要如果你想要成为这样人，只要肯坚持练习，总有一天你也会一呼百应。

从现在开始，让你的一言一行都遵循以下几个原则：

1. 与人为善，善良是力量的特征。

2. 在任何时候都不伤害他人的自尊心。

3. 永远以“您”或亲昵的称谓称呼别人，不忘记说“请”。

4. 敢于冒险的精神使你引人注目，看起来比真实的你更加出色。没有人愿意跟随一个畏首畏尾的人，大胆的人则引人注意，引人注意就能引来威信。

5. 用人不疑，疑人不用。相信那些忠诚的追随者。

6. 对出色的追随者，不要忘记常常向他们道谢，并给予奖励。

剑桥考考你

▼

你在学校里、社团中，或朋友间的号召力有多大？你认为下面这些选项，哪个是帮助自己确立在这些领域重要位置的最有效的方式？

A. 用学习成绩说话，让老师对你的能力表现可以在心中量化。

B. 用幽默的语言、超强的亲和力去打动老师和同学。

C. 社团或朋友中解决问题的专家。

D. 和老师保持密切的沟通，用高效的学习方式和强烈归属感打动老师。

E. 对于别人交代的任务，一定会非常出色地完成，让别人非常放心。

F. 通过自己的深入研究和分析，常常给别人提出一些富有创意的建议和想法。

测试说明：

A. 你的目的性强，喜欢挑战，强调落实。但凡事须有度，夸张的展现、炫耀性的“作秀”可能不会产生太好的效果。再者，学习成绩并不代表一切。

B. 你喜欢和人打交道，支持和帮助别人，获得他人的认同和回报。因此你通常能够以换位思考的意识，站在对方的角度去了解别人的需求，通过帮助别人让他们认可自己。通过个人能力的表现，包括谈吐、幽默感、接纳别人的能力等都可以获得别人的好感。正因为这些，你在同学中的号召力绝对是无人能及的。

C. 你喜欢为他人出谋划策，运用自己的头脑和智慧，为他人解决深层次的问题。你会不断地提高能力，让自己成为解决问题的人，而不是制造问题的人。在那些需要你帮助，并且得到你帮助过的人心中，你简直就是天使，千万不要低估你的号召力。

D. 你强调执行和落实，应适时地与人沟通，并不是每件事都要让人知道，但重要的事一定要跟老师去沟通。这样既能从他那儿学到一些东西，同时又能让他知道你在做什么。

E. 你聪明、踏实、肯干。你的这种态度，让你周围的人都切实地感觉到，只要把某项任务交给你，就不会出纰漏。所以，你的号召力是那种稳步上扬的走势。

F. 你总能想出一些令人拍案叫绝的妙计，让人觉得所有困难都变得易如反掌。但要记住，虽然有些人很喜欢你那些富有创意的点子，但还是会有人反对的。建议踏踏实实，同样也会赢得别人的支持。

第八堂课

习惯养成

好习惯终身受益，坏习惯终身受累

/ 第 1 节 /

习惯不是最好的仆人，便是最坏的主人

剑桥箴言

观念是态度与行为的根本，观念决定行为，行为形成习惯，而习惯左右着我们的成败。

人们常说“习惯成自然”。习惯就是一种潜意识的自动功能，是一种不假思索的、多次重复而形成的潜意识行为，一旦养成就难以察觉。美国心理学家詹姆士说：“我们从清晨起来到晚上睡觉，99% 的动作都纯粹是下意识的、习惯性的，包括穿衣、吃饭、跳舞乃至日常谈话的大部分方式，也都是由不断重复的、条件反射行为固定下来的、千篇一律的东西。”

习惯是一种顽强而巨大的力量，有时一个小小的习惯就可能会束缚住我们的手脚。你是否见过这样的情景：一根小小的柱子，一截细细的链子，就能拴得住一头千斤重的大象。你认为这样的事情很荒谬吗？但是，这种荒谬的场景在印度和泰国却能随处可见。为什么那些大象能被拴住，主要是那些驯象人在大象还是小象的时候就已经用一条铁链将它们绑在水泥柱上或钢柱上了，无论小象怎么挣扎都无法挣脱。于是，小象渐渐地不再挣扎了，即使一直到长成了大象，已经可以轻而易举地挣脱链子时，它仍然会被链子拴住。其实，大象并不是被链子拴住了，而是被习惯拴住了。

大象如此，人也是如此。当我们每天埋头于工作和生活时，我们也往往都会按照自己的惯性去做事，而从来不会考虑什么是合理的，什么是不合理的，什么是要改变的，自己到底要变成什么样。正如美国著名哲学家爱默生所说的那样："习惯不是最好的仆人，便是最坏的主人。"

当人们问诺贝尔奖物理学奖得主、苏联科学家卡皮察："在您的一生里，您认为最重要的东西是在哪所大学、哪所实验室里学到的呢？"这位白发苍苍的诺贝尔奖获得者平静地回答："是在幼儿园。"

人们感到非常惊奇，又问道："为什么是在幼儿园呢？您认为您在幼儿园里学到了什么呢？"卡皮察微笑着回答说："在幼儿园里，我学会了很多很多。比如，把自己的东西分一半给小伙伴们；不是自己的东西不要拿；东西要放整齐；饭前要洗手；午饭后要休息；做了错事要表示歉意；学习要多思考，要仔细观察大自然。我认为，我学到的全部东西就是这些。"所有在场的人对这位诺贝尔奖获得者的回答报以热烈的掌声。

这掌声无疑告诉我们这样的事实：人终生所学到的最重要的东西，就是良好的习惯。

古今中外在学术上有所建树者，无一不具有良好的学习习惯。进化论的创始人达尔文说："我的生活过得像钟表的机器那样有规则，当我的生命告终时，我就会停在一处不动了。"达尔文所说的"规则"，便是指良好的习惯。英国唯物主义哲学家，同样也是从剑桥大学毕业的培根，一生成就斐然。他在谈到习惯时深有感触地说："习惯真是一种顽强而巨大的力量，它可以主宰人的一生，因此，人从幼年起就应该通过教育培养一种良好的习惯。"

对于那些即将走上社会的个体来说，从现在开始就应该为你们圆满的人生做准备了，告别坏习惯。而这绝非易事，因为习以为常的事务予人以安全感，习惯总是具有极大的引力，如同阿波罗太空船登月一般，刚刚发射的几分钟，也就是整个任务一开始的几公里，是最艰难的时刻，所消耗的能量甚至超过往后的几十万公里。同时人的行为总是一再重复，卓越不是单一举动，而是习惯。要提升自我，赢得革命性的效果，必须从观念着手，暂时牺牲眼前的安适，树立克服“惯性”的信念，由内而外全面造就自己。正如作家柯维在《与成功有约》中说的那样：“观念是态度与行为的根本，观念决定行为，行为形成习惯，而习惯左右着我们的成败。”

来自剑桥的情商秘密

剑桥大学的哈钦森教授曾表示：学习的好坏，20% 与智力因素相关，80% 与非智力因素相关。非智力因素中，习惯起着关键性的作用。他建议学生时刻都应注意好习惯的培养，摒除阻碍个人发展的坏习惯。因此，你要知道，今日的你是你过去习惯的结果；今日的习惯，将是你明日的命运。改变所有让你不快乐或不成功的习惯模式，你的命运将改变，习惯领域越大，生命将越自由、充满活力，成就也会越大。

成功是一种习惯，失败也是一种习惯。你的习惯无法改变，但可以用好的习惯来替代。成功很简单，只要简单的事情重复做，养成习惯，如此而已。不是所有的好习惯都会促使你成功，但是成功的关键就是你养成好习惯并坚持下来的这种精神。很多人都明白这一点，但是只有成功的人做到了，这就是差别。

剑桥考考你

▼

习惯可以决定一个人一生的命运，通过下面的测试，来测试一下你是否具备良好的习惯。本测试共十六道题目，每题都有三个备选答案：A. 是；B. 有时如此（或不一定）；C. 否。

请认真阅读每一道问题并如实回答：

1. 在固定的时间进行学习吗？

2. 学习时周围必须很安静吗？

3. 是否经常查用辞典、字典等工具书？

4. 学习时有下意识动作吗？

5. 是否在按自己制订的计划学习？

6. 在学习中有经常沉迷于空想的时候吗？

7. 学习结束后，收拾书桌吗？

8. 有一边听广播或看电视一边学习的时候吗？

9. 发回的试卷，自己能认真总结、分析缺陷吗？

10. 是否平时不烧香，考前抱佛脚？

11. 你认为自己的预习效果不错吗？

12. 不感兴趣的课程就不愿下大力气去学吗？

13. 对所学的知识能够立即复习吗？

14. 即使有不明白的问题，也不愿去办公室向老师请教吗？

15. 即使有你喜爱的电视节目播出，是否也要坚持完成当天的学习任务再去看？

16. 是否经常有对书本毫无兴趣而浪费时间的现象？

测试说明：

奇数题选A记2分，B记1分，C记0分；偶数题选择A记0分，B记1分，C记2分。将各题分数相加，得出总分。

27—32分。表明你的学习习惯非常好；

22—26分。学习习惯较好；

16—21分。学习习惯一般；

0—15分。你的学习习惯很差，需要改正。

/ 第 2 节 /

习惯拖延的人，只有明天，没有今天

剑桥箴言

没有什么人会为我们承担拖延的损失，拖延的后果只有我们自己承担。

有人说，江山易改，本性难移。的确，想要改掉坏习惯并非易事，坏习惯往往不被人注意，就仿佛一个隐形杀手，犹如污浊的空气、残留农药的食品，慢慢侵蚀着你的人生。所有人都有可能受到坏习惯的困扰。增强自控力并改变坏习惯可以说是一门科学，但改变恶习最关键的一点是：你能否立即行动。许多人之所以不能改掉恶习，最大的障碍就是他们的拖延心理。

剑桥大学的校长艾莉森·理查德曾表示："世上有 93% 的人都因拖延的恶习而最终一事无成，这都是因为拖延能够杀伤人的积极性。"阿莫斯·劳伦斯也曾说，"就让拖延的坏习惯死亡，让我们再形成一种立即行动的好习惯，只有这样你才会站在时代潮流的前端，可是在现实当中总会有一些不良的习惯一直拖延着，最终将会被甩到后面去。"

人生最大的恶习，便是拖延。习惯拖延的人，眼里只有明天，没有今天。也许在你的心中，有很多事情都已计划好了，并且也仔细地考虑过了，甚至都已做出了决定，但往往因为拖延的坏习惯使你变得畏首畏尾，以至于不敢采取行动。使自己的自信心越来越不足，以至于不敢决断，最终陷入失败的境地。

事实上，人人都有拥有雄心壮志，但是却有很多人最终都没能如愿以偿，甚至一直在温饱线上挣扎着，究其原因竟是“拖延”的坏习惯所导致。他们总喜欢这样想，还是等过一段时间再开始吧，可是时间却在不知不觉间已被浪费掉，晃过了一生也没有实现自己的计划。其实已决断好的事情一直拖延着不做，通常还会对我们的品格产生一种不良的反应。“拖延”也是我们给自己找到的一个安于现状的借口。

因此，我们一定要让拖延的习惯死亡，彻底地摆脱拖延的恶习。唯一的方法就是“立即”去做自己该做的事情。如果我们多拖延一分，事情就难做一分。正如约翰·丹尼斯说过的那样：“不允许浪费时间。我们既然工作了就要高效率，活得好比明天就会死去一样！”你必须让优柔寡断、犹豫不决从自己的生活中彻底地消失掉，从现在就开始做！当然犹豫不决的人总是在“等待”好的时机。事实上，那是因为这种人缺乏立刻开始的决心，由于“真应当那样做却没有那样做”常常令大多数人遗憾终生。

有人将拖延时间的行为生动地比喻为“追赶昨天的艺术”，这里我们完全可以在这句话后面加上半句:追赶昨天的艺术，逃避今天的法宝。在学习工作中，有些事情的确是你想做的，却总是一拖再拖，一般人都会形成这样的思维习惯：我知道自己必须做这件事（事实如此）→可我真的做不好或不愿做（心态消极）→所以准备以后再做（为自己寻找拖延时间的借口）→这样我也不必说今后不做此事（推卸责任）→因而可以心安理得（自欺欺人）。

每当人们必须完成一项艰苦工作时，都可以求助于这种站不住脚，却看似实用的逻辑。如果你一方面坚持自己的生活方式，另一方面又说你将做出改变，你的这种声明没有任何意义，你只不过是在为拖延时间而寻找借口。

来自剑桥的情商秘密

在事情初起之际抓住时机，绝对是至高无上的智慧。凡事拖延，是一种恶习，它往往让人失去生命中所追求的东西，造成时间，精力和情感的浪漫。没有别的什么习惯比拖延更为有害，没有别的什么习惯比拖延更能使人懈怠，减弱人们做事的能力，如果拖延的习惯渐生渐长，则必将一事无成。那么，如何克服拖延的恶习？

1. 找出使你感到苦恼的，习惯拖延的一个具体方面，然后去征服它。

2. 办事时为自己规定一个期限，并要求自己按限期完成。

3. 珍爱自我，不要为将要办的事情忧心忡忡。

4. 不要以疲劳或疾病为借口拖延任何事情。

5. 不要避重就轻，避重就轻只会使问题变得越来越棘手。

6. 当你觉得无聊的时候，积极利用自己的大脑，比如作首诗，要不就努力死记一大串数字，以增强记忆力。

7. 马上去做一直在推迟的事情，如写封信，实施你的计划。

8. 鼓起勇气去干一两件自己一直回避的事情，一个勇敢的行动可以消除各种恐惧心理。

剑桥考考你

▼

请据实选择以下每一个陈述最切合你的答案：

1. 为了避免对棘手的难题采取行动，我于是寻找理由和借口。

A. 非常同意　B. 略表同意　C. 略表不同意　D. 极不同意

2. 为使困难的事情能被执行，给自己一点压力是必要的。

A. 非常同意　B. 略表同意　C. 略表不同意　D. 极不同意

3. 我经常采取折中办法以避免或延缓不愉快的事。

A. 非常同意　B. 略表同意　C. 略表不同意　D. 极不同意

4. 我遭遇了太多足以妨碍完成重大任务的干扰与危机。

A. 非常同意　B. 略表同意　C. 略表不同意　D. 极不同意

5. 当被迫从事一项不愉快的决策时，我避免直截了当的答复。

A. 非常同意　B. 略表同意　C. 略表不同意　D. 极不同意

6. 在着手处理一件艰难的任务之前，我喜欢清除桌上的每一个物件。

A. 非常同意　B. 略表同意　C. 略表不同意　D. 极不同意

7. 总想让别人替自己完成那些自己不喜欢的事情。

A. 非常同意　B. 略表同意　C. 略表不同意　D. 极不同意

8. 我经常将重要事情安排在下午处理，或者带回家里，以便在夜晚或周末处理它。

A. 非常同意　B. 略表同意　C. 略表不同意　D. 极不同意

9. 我在过分疲劳（或过分紧张、或过分泄气、或太受抑制）时，以致无法处理所面对的困难任务。

A. 非常同意　B. 略表同意　C. 略表不同意　D. 极不同意

测试说明：

每一个“非常同意”记 4 分，“略表同意”记 3 分，“略表不同意”记 2 分，“极不同意”记 1 分。

0—20 分。表示你不是拖延者，你也许偶尔有拖延的习惯；

21—30 分。表示你有拖延的毛病，但不太严重；

31—36 分。表示你或许已患上严重的拖延毛病。

/ 第 3 节 /

你的时间在哪里，你的成就就在哪里

剑桥箴言

没有方法能使时间为我敲已过去了的钟点。

习惯是有意识的选择，我们如果能将好的思维方式，好的行为、好的工作方式变成习惯，那就会很轻松地获得成功与快乐的人生。做一个有计划的人，有计划地为自己塑造好习惯，往往会事半功倍，接近成功。好习惯的养成，不仅需要超强的自控能力，还是需要时间的。如果你肯花点时间，去练习那些能够提升你规划时间的能力的技巧，那将带给你巨大回报。

有个名叫约翰·戈达德的美国人，当他 15 岁的时候，就把自己一生要做的事情列了一份清单，称作“生命清单”。在这份排列有序的清单中，他给自己列下所要攻克的 127 个具体目标。比如探索尼罗河、攀登喜马拉雅山、读完莎士比亚的著作、写一本书等。在 44 年后，他以超人的毅力和非凡的勇气，在与命运的艰苦抗争中，终于按计划，一步一步地实现了 106 个目标，成为一名卓有成就的电影制片人、作家和演说家。

1904 年，25 岁的爱因斯坦靠在专利局的工作维持生计，并利用业余时间潜心研究物理学。次年，他发表了 6 篇物理学论文，提出了狭义相对论和光量子假说。1913 年，24 岁的维特根斯坦离开了罗素和剑桥，去一个陌生的国度开始独立研究，临走前，在罗素的恳求下，这位本科生写下了《 逻辑学笔记 》手稿，一份连罗素也无法读懂的哲学作品。1931 年，25 岁的哥德尔发表论文《论〈数学原理〉及相关系统的形式不可判定命题 》，提出了“哥德尔不完备定理”。1998 年，25 岁的拉里·佩奇和 25 岁的谢尔盖 · 布林创立 Google。2004 年，20 岁的扎克伯格创立 Facebook……

25 岁的爱因斯坦，不过是一个普通人；25 岁的维特根斯坦虽然是富二代，但他完全视金钱如粪土；25 岁的冯·诺依曼，违背父亲的意愿，放弃了当时最有“钱途”的化学工程专业，醉心于数学和物理的海洋。他们之所以成为我们所熟知的人，是因为他们在很早的时候，就发现了自己的才能，并且努力地、义无反顾地尽力把这个才能发挥至最大。

人的一生两个最大的财富是：你的才华和你的时间。才华越来越多，但是时间越来越少，我们的一生可以说是用时间来换取才华。如果一天天过去了，我们的时间少了，而才华没有增加，那就是虚度了时光。所以，我们必须学会规划时间，并有效率地使用时间。

来自剑桥的情商秘密

学习规划时间是一个人最该养成的习惯，知道自己的时间都去哪儿了吗？

1. 记录下一周每天每 30 分钟做的事情，然后做一个分类，如读书、和朋友聊天、社团活动等，看看自己什么方面花了太多的时间。在一周结束后，分析一下，这周你的时间如何可以更有效率地安排？有没有活动占太大的比例？有没有方法可以增加效率？

2. 使用时间碎片和“死时间”。如果你做了上面的时间统计，你一定发现每天有很多时间流逝掉了，例如等车、排队、走路、搭车等，可以用来背单词、打电话、温习功课等。无论自己忙还是不忙，你要把那些可以利用时间碎片做的事先准备好，到你有空闲的时候有计划地拿出来做。

3. 要事为先。每天挑出最重要的三件事，当天一定要完成。在学习和生活中每天都有干不完的事，唯一能够做的就是分清轻重缓急。 而且每天这三件事里最好有一件重要但是不急的，这样才能确保你没有成为急事的奴隶。

剑桥考考你

▼

怎么样才能善用时间呢？看看你真正做到了几个。

1. 我是否尽量订下一套明确的远期、中期与近期目标？

2. 我是否迫使自己迅速地做出一些微小的决策？

3. 在一项事情开始之前，我是否已经知道了其流程或次序？

4. 除了在例外情况下，我是否尝试将今天未完成的事情置于一旁？

5. 我是否真正能够控制自己的时间？我的行动是否取决于自己，非取决于环境，或他人之优先次序？

6. 我是否在富于效率的时间内做重要的事？

7. 我今天会否为达成远期、中期或近期目标做过某些事？

8. 我是否每天都保留少量的时间做计划？

9. 我是否善用一天的时间？

10. 我是否故意减少中午的食量，以免在下午打瞌睡？

/ 第 4 节 /

当你习惯了积极主动，机遇便主动来找你

剑桥箴言

人性本质是主动而非被动的，不仅能消极选择反应，更能主动创造有利环境。采取主动并不表示要强求、惹人厌或具侵略性，只是不逃避为自己开创前途的责任。最令人鼓舞的事实，莫过于人类确实能主动努力以提升生命价值。

亚里士多德说："人的行为总是一再重复。因此，卓越不是单一的举动，而是习惯。"引导成功的唯一最重要的因素是你每一天所做的事情。就这么简单。你的习惯将会决定你成功与否。如果你有强大而且健康积极主动的习惯，无论你现在是否失败都无所谓，因为你将来注定会成功。相反，如果你有强大的消极的习惯，你将来注定会失败，无论你现在成功与否。

Google 的创始人赛吉・布林和拉里・佩奇在电视上被访问时，记者问他们的成功应该归功于哪一所学校，他们并没有回答斯坦福大学或密歇根大学，而回答的是"蒙台梭利小学"。在蒙台梭利教育的环境下，他们学会了"自己的事自己负责，自己解决"。是这样的积极教育方式赋予了他们鼓励尝试、积极自主、自我驱动的习惯，因而带来了他们的

成功。

所以，每一个年轻人都要拥有积极主动的习惯，一次积极的行动不会改变你的人生，但是同样的行动重复 1000 次，将会对你的人生产生巨大的影响。比如，如果你去做一次健身，你看不到有什么大不同。然而，你 5 年里去做了 1000 次健身，你就会发现你身体的大变化了。这对于健康、人际关系、工作、职业和上学是同样的道理。每一天都积极地行动，将会对你以后的人生产生巨大的影响。

与积极主动的习惯相反，就是消极被动的习惯。如果你有消极的习惯，必定失败，除非你主动采取措施永远改掉这些习惯。消极的习惯包括暴饮暴食、赌博、吸烟、喝酒和吸毒。然而，我们不能忘记其他那些真正导致失败的消极习惯。这些消极习惯是可能阻止你走向成功的性格特点，例如浪费时间、懒惰、胆小、害羞、缺乏勇气、凡事不主动等。

打破消极习惯的唯一方式就是停止重复它们，用积极习惯去替代它们。如果你想成功地改掉你的习惯，你应该改变你内心的关于这些习惯的想法。比如，你的旧观念是："我喜欢网络游戏，因为它使我感觉很好很轻松。我需要网络游戏来使我快乐和放松。"如果你抱有这样的想法，那么你的戒游戏行动将不会持续很久。

相反，如果你采取这样的观念："我喜欢阅读，因为这使我感觉舒适而且放松。网络游戏是有害的并且破坏了我的健康，阅读使我快乐。"你应该分析你的观念，确保你不会停止改掉恶习。当你试图形成良好的习惯的时候也是同样的道理。当你想开始健康饮食的时候，你应该开始想这些积极的观念："健康的食物对我的健康是有益的。它给我许多能量，我感觉非常好。"

每个人都可以改变，这所需要的就是勇气和承诺。现在就下定决心通过改变习惯来改善你的生活，现在就行动起来，不要害怕。你也许会在这条路上犯一些错误，但是永远不要忘记如果你生活中有着积极的习惯，大有益处。

来自剑桥的情商秘密

剑桥大学的学生往往会表现得很独立，因为只能靠自己；他们会很主动，因为没人天天盯着；他们会很自主，因为必须自己做决定；他们会很积极，因为必须不时地跟导师和同学探讨；他们会很自信，因为自己的想法总能受到足够的尊重。你要养成积极主动的习惯，建议遵循以下七个步骤。

步骤 1：拥有积极的态度，乐观面对人生。积极的态度肯定会改变一个人的生活方式，但并不能保证他每件事都心想事成；可是，坚持消极的态度却必败无疑。你见过哪个持有消极态度的人能够取得可持续的、真正的成功?

步骤 2：远离被动的习惯，从小事做起。消极被动的习惯是积极主动的最大障碍，如果你从小就在消极、被动的环境下长大，你就更应该努力剔除自身所拥有的那些消极因素。

你不要盲目听信人言，应冷静辨析，积极求证。不要让事情找上你，应主动对事情施加影响。永远不要说“我办不到”，习惯于消极被动的人，言语中就会流露出推卸责任的个性。例如：“我就是这样。”仿佛是说：这辈子注定改不了。“他使我怒不可遏！”意味着：责任不在我，是外力控制了我的情绪。“办不到，我根本没时间。”又是外力控制了我。“要是某人的脾气好一点”，意思是：别人的行为会影响我的效率。“我不得不如此。”意味着：迫于环境或他人。

步骤 3：对自己负责，把握自己的命运。“积极主动”的含义不仅限于主动决定并推动事情的进展，还意味着人必须为自己负责。责任感是一个很重要的观念，积极主动的人不会把自己的行为归咎于环境或他人。他们在待人接物时，总会根据自身的原则或价值观，做有意识的、负责任的抉择，而非屈从于外界环境的压力。

步骤 4：积极尝试，邂逅机遇。对于那些正在选择人生道路的年轻人来说，他们应该积极地尝试不同的事情。在英国，父母经常说的一句话是："你没有试过，怎么知道自己不喜欢呢？"所以，你应该去尝试做不同的事情，找到通向成功的门径。只有这样，才能在人生之路上邂逅更多的机遇。

步骤 5：充分准备、把握机遇。不要坐等机遇上门，因为那是消极的做法。屠格涅夫说："等待的方法有两种，一种是什么事也不做地空等，另一种是一边等，一边把事情向前推动。"也就是说，在机遇还没有来临时，就应事事用心，事事尽力。

步骤 6：积极地推销自己。在全球化和信息化的时代里，那些能够积极推销自我的人更容易脱颖而出。只有积极主动的人才能在瞬息万变的竞争环境中赢得成功，只有善于展示自己的人才能在工作中获得真正的机会。

剑桥考考你

▼

生活中，你通常带着什么样的情绪去面对一件不得不做的事情？

答：决定事物难易程度的不是事情本身，而是你面对它的态度。如果你一开始便怀有抵触情绪，任何事情都很难；如果你抱持积极的态度，任何事情都很简单。

生活中你要养成积极主动面对任何事情的习惯，一个积极主动的人总会用自己的行动验证那句话：世上没有真正不好的事，只有使事情变得不好的态度。一个习惯被动处理事情的人，他们总想做自己喜欢的事，排斥不喜欢的事。事实却是，他们越排斥不喜欢的事，他们的生活中越是经常出现不喜欢的事。更重要的是，随着他们被动消极面对每一件不喜欢的事，这些事情一件件都变成拖累他们前行的力量，成为阻止他们向上和成长的力量。

/ 第 5 节 /

好习惯让你一帆风顺，坏习惯让你一事无成

剑桥箴言

你可以不改变自己的性格，但可以改变自己的习惯和脾气，让它们“辅佐”性格向成功的方向发展。

成功，即是好习惯使然。如果你的行为一直被好习惯所驱使，你就能走向成功；相反，如果你的行为一直被恶习所控制，你必将一事无成。对于很多人来说，这一观点都适用。因此，你要发现自己的习惯模式，并依循好的习惯模式工作学习，你的人生将会变得更加丰盈。

在巴菲特和比尔·盖茨的演讲中，许多台下的大学生们纷纷向这两位超级富豪请教，他们怎么变得比上帝还富有。巴菲特说：“这个问题非常简单，原因不在智商的高低，而在于习惯、性格和脾气。”盖茨表示赞同，他说：“我认为巴菲特关于习惯与性格的解释完全正确。”此时，两位世界级的成功人士道出了自己成功的诀窍。巴菲特和盖茨还说道：“性格中包含了脾气和习惯。当然，好的脾气是需要从小养成的，习惯也需要日后培养。所以，你可以不改变自己的性格，但可以改变自己的习惯和脾气，让它们‘辅佐’性格向成功的方向发展。”

回眸我们生活的历程会发现：同样的社会背景，同样的家庭条件，

同样的工作机遇，同样的年代，同样的智商，然而，有的人有所成就，有的人却沦于一事无成。对此，有人谓之宿命，有人谓之机缘，有人怨声载道，果真是这样吗？非也，习惯使然、性格使然。懒惰、自私、自卑、悲观、不负责任等，都是坏习惯的具体表现形式。

一些人追求“安逸”也无形中成全了所谓“养成坏习惯容易、养成好习惯难”的说法。实际上“贪享乐、图安逸”也是一种坏习惯。或许，养成好习惯是很困难的一件事，但是，如果平时在小事上不放松要求，久而久之，必能养成良好的习惯。把“困难”分解化，你会发现其实“困难”并不难。一个人倘若能塑造和完善多种优秀的习惯和性格于一身，那么，所有的艰难、所有的障碍，都无法阻挡住成功的进程。

不论是好习惯还是坏习惯，都具有很强大的力量。好的习惯让人立于不败之地，坏的习惯则让人从成功的宝座上跌下来。好习惯的报酬就是成功，良好的习惯是成功的钥匙。其实，已经失败了的人和已经成功的人唯一不同的地方就在于他们的习惯不同，良好的习惯是成功的钥匙，坏习惯是失败的钥匙。所以，必须遵循的一个原则，就是凡事都依照“良好的习惯模式”去做事，并且全心全力地去执行。

来自剑桥的情商秘密

你该养成的好习惯

1. 高效的好习惯。确定你的习惯是否有效率，可以用一个标准来检验：即在检省自己的时候，你是否为未完成事情而感到忧虑，即有焦灼感。如果你应该做的事情而没有做，或做而未做完，并经常为此而感到焦灼，那就证明你需要改变习惯，找到并养成一种高效率的习惯。

2. 养成锻炼身体的好习惯。健康是一切的本钱，只有健康，你才能去做自己喜欢做的事。但很多人只停留在重视的意识阶段，而缺乏相应的行动。你要把锻炼当作乐趣，养成锻炼的习惯。

3. 不断学习的好习惯。养成读书的好习惯则永远不会过时，你要知道，尽管你读的是书，但看到的却是全世界。

4. 乐观积极的好习惯。人们都喜欢和积极、乐观的人交朋友，没有人喜欢和思想消极、终日抱怨的人在一起。养成积极、乐观的习惯，你便会充满能量，毫无疑问，这样的人是最佳的工作合作伙伴。

5. 自制的好习惯。现代社会，人们面临的诱惑越来越多，如果人们缺乏自制力，那么就会被诱惑牵着鼻子走，偏离轨道。

6. 敬业、乐业的好习惯。敬业是对渴望成功的人对待工作的基本要求，一个不敬业的人很难在他所从事的工作中做出成绩。

你必须戒除的恶习

1. 经常性迟到。你上课或约会经常迟到吗？迟到是造成使人们反感的种子，它传达出的信息：你是一个只考虑自己、缺乏合作精神的人。

2. 拖延。虽然你最终完成了工作，但拖后腿使你显得不胜任。很多爱拖延的人都很害怕冒险和出错，对失败的恐惧使他们无从下手。

3. 怨天尤人。这几乎是失败者共同的标签。一个想要成功的人在遇到挫折时，应该冷静地对待自己所面临的问题，分析失败的原因，进而找到解决问题的突破口。

4. 一味取悦他人。不应该做“好好先生”，这样做虽然暂时取悦了少数人，却会失去大多数人的支持。

5. 传播流言。每个人都可能会被别人评论，也会去评论他人，但如果津津乐道的是关于某人的流言蜚语，这种议论最好停止。世上没有不透风的墙，你今天传播的流言，早晚会被当事人知道，又何必去搬石头砸自己的脚？所以，流言止于智者。

6. 对他人求全责备、尖酸刻薄。每个人都可能有失误，当出现问题时，应该协助解决，而不应该一味求全责备。

7. 出尔反尔。已经确定下来的事情，却经常做变更，就会让人们对你产生不好的印象。你做出的承诺，如果无法兑现，会在大家面前失去信用。这样的人难以担当重任。

8. 傲慢无礼。这样做并不能显得你高人一头，相反会引起别人的反感。因为，任何人都不会容忍别人瞧不起自己。傲慢无礼的人难以交到好的朋友。年轻时养成这种习惯的人，相信你很难取得成功。

9. 随大溜。人们可以随大溜，但不可以无主见。如果你习惯性地随大流，那你就有可能形成思维定式，没有自己的主见，或者即便有也不敢表达主见，而没有主见的人是不会成功的。

剑桥考考你

▼

一位骑师训练了一匹好马，他认为给这样的马套上缰绳是多余的。有一天，他骑马出去时，就把马的缰绳去掉了，马儿在原野上驰骋飞奔，当它知道什么束缚也没有了的时候，便越发大胆起来，一路飞奔，不仅把骑师重重摔了下来，而且还将自己摔下深谷，粉身碎骨。这个故事告诉了你什么？

答：要确保好马发挥作用，已经习惯了的马套上的缰绳是不能随便丢掉的，这样的好习惯是不宜更改的。

第九堂课

绅士素养

有素养意味着你是一个人格上的成功者

/ 第 1 节 /

德行是第一位的，是最不可或缺的

剑桥箴言

在一个人或一个绅士的各种品性之中，德行是第一位的，是最不可或缺的；他要被人看重，被人喜爱，要使自己也感到喜悦，或者也还过得去，德行是绝对不可缺少的。

英国著名教育学家约翰·洛克在《教育漫话》提出了“绅士教育”的主张，这一理念对英国的教育乃至英国整个社会影响很深远，其中也包括历史悠久的剑桥大学。洛克认为智与德的关系是：德行重于知识。“我认为在一个人或一个绅士的各种品性之中，德行是第一位的，是最不可或缺的；他要被人看重，被人喜爱，要使自己也感到喜悦，或者也还过得去，德行是绝对不可或缺的。如果没有德行，我觉得他在今生来世都得不到幸福。”

毕业于剑桥大学的著名的思想家培根，年轻时是个十足的小人，为了功成名就，飞黄腾达，出卖朋友、逢迎权贵……最终还是遭人白眼，身败名裂。直到晚年，他幡然醒悟，于是专心著书立说，终于受到后人的尊敬和对其学识的赞美。培根成功并不是说他年老时比年轻时更有才华，而是因为他的人格由偏到正的结果，是高尚的人格升华了他的心灵和理智，是高尚的人格巩固了他的学识，带给了他新生，带给了他人生的巅峰，人格的力量铺就了人生的成功之路，搭建了成功的阶梯。

人格之于成功，如同根基之于大树，没有牢固的扎实的根基，树木怎么可能顶天立地、直冲云霄？在面对许多年轻人求教成功之法时，著名的大提琴家巴保罗·卡萨尔斯回答道："先成为优秀而大写的人，然后成为一名优秀而大写的音乐人，再然后成为一名优秀的大提琴家。"在卡萨尔斯眼里，"成人"乃是任何阶段成功的前提。人格对于成功人生的重大意义由此可见一斑。

19 世纪英国著名教育学家本杰明·乔伊特创立了导师制，这位极富人格魅力的老师称，学习的目的绝不仅仅是为了找一份工作，而是让人们"成为受欢迎的人，成为社会的有用之材；愉快地面对孤独，经受各种纷扰诱惑"。

人格之于成功，如同石块之于大山，有了石块的堆砌，有了石基的支持，大山才会雄伟巍峨。因此，在成功之前，要先成为一个优秀而大写的人。想获得知识、财富，只需要几年，但高贵的人品，至高无上的人格，需要的是一生。只有不断完善自己的人格的人才会走向真正伟大的成功！

来自剑桥的情商秘密

早在 17 世纪后期，英国就已经开始实施"绅士教育"。今天的剑桥大学仍在坚持"造就绅士"的教育理念，强调对人的理性训练和人格的塑造，并认为培养学生成才，必须先将他们教育成人。

一个绅士必须具备理智、礼仪、智慧、勇敢和能力这五个方面的道德品质。

1. 培养理智就是要能够运用理智去驾御和支配自己，克制自己的欲望，顺从理性的指导。

2. 礼仪的培养指的是要让人们学习礼貌、礼节和风度，懂得人情世故，会待物接人，要文质彬彬，高雅友善。

3. 智慧的培养指的是一种本领的培养，它使人能干而有远见，善于处理具体事务，要把人培养成坦白、公正和聪慧的人。

4. 勇敢的培养。勇敢和坚忍是绅士必备的美德，是一个真正有价值的人的品性，为此需要从小锻炼胆量，使之能忍受痛苦，克服怯懦、脆弱的本性，能够做到刚毅、果断、勇敢。

5. 能力的培养是指一个人一方面通过多方面的学习研究获得知识，增长学问，发展智力；另一方面，还要通过各种技能技巧的学习去获得技能技巧，要尊重知识，勇于去求知，去改进自己，提高求知的欲望。

剑桥考考你

▼

一家快餐店招聘义工，笔试考场设在一间杂乱不堪的房间里，此时房间内苍蝇乱飞。作为一名应聘者，你会怎么做?

答：这是一个关于道德品格和价值观的测试，上述问题中考场的安排就是一个“暗试品质”的“隐形考场”。如果你像其他应聘者一样立即答卷，你成功的概率并不大。你应该打开灭蝇灯，清理现场再答题，即使你不是最高分，但你也能获得职位。潜在的品性，具有无言魅力。

/ 第 2 节 /

谈吐可以成就一个人，也可以毁掉一个人

剑桥箴言

谈吐是衡量人的真实品格的尺子。

一个真正的绅士应该是什么样子？亚里士多德早在两千多年前就曾这样描述："无论身处顺境、逆境，一个宽宏大量的人总是追求行事适度。他不期望人们的欢呼喝彩，也不允许别人对他嘲弄贬低；成功的时候不会得意忘形，遭受了失败也不会愁眉苦脸。他不会去做无谓的冒险，不会随随便便谈论自己或者别人；他不在意别人的毁誉，也不会对人求全责备。"

如何去判断一个人是否具备这些素养，从他的谈吐便能知晓。人们能从交谈中了解你的思想脉络和个人修养，不论你有多大的成就，你的财富有多少，你受的教育有多高，你的言谈有声有色地描述着你的故事，一笔一笔地勾画着你的形象。正如巴尔扎克所说："言谈是衣着的精神部分，用上它、撇开它，就和戴上或摘下装饰着羽毛的女帽一样。"

交谈是判断一个陌生人的社会地位、生活、成长背景和可信度的最有效的工具。谈话的内容和技巧也是一把衡量人的真实品格的精密尺子。一个真正的绅士在谈话时，不失幽默，雅俗共赏，绝不会带有个人攻击

性，不存在个人偏见，不具有性别歧视，不带有淫秽色彩，从不会在人们的灿烂情绪上播撒忧郁的内容，他们始终注意自己的一言一行，从不让不当的言语抹杀自己优雅的形象。

语言是通往优雅之路的最内在的禀赋，你首先要学习优雅地表达思想。一个优雅的绅士总能够清晰地表达自己对理想、未来等观念的看法和观点。出色的演讲口才，优雅的谈吐是他们吸引人的重要条件。

当然，良好的谈吐离不开良好的文化素养，没有良好的文化素养，那些看起来十分优雅、得体的行为，很可能只是表面功夫，并无实际意义，无非是几个标准、规范的动作罢了。凡是优雅的举止与谈吐，和待人接物的礼貌，以及有助于提高人类生活质量的艺术，都应该着手去培养，但这一切不是装装样子，所有的都是从内向外自然而然散发出来的。

从一个人的优雅谈吐举止里，可以看到一种文化修养，让人赏心悦目，从一个人的优雅中，亦可以品味一个人的内涵。你要做一个有知识、善良、有修养的人，个人的品位和素养或许是其中关键。优雅是一种知识的积淀，不管是直接还是间接的，都是一种必要的积累。当优雅成为一种自然气质时，就一定显得成熟、温柔，当优雅代表你的性格时，事实上你已把握了自己的人生。

来自剑桥的情商秘密

在英国，即便到了今天，谈吐仍然是判断一个人是属于哪个阶层的最重要标志。约翰·布鲁斯克在《格调》一书中精辟地总结了一个人的谈吐揭示的秘密："一个人的言谈永远是他的家庭背景和社会地位的告示牌。"培养优雅谈吐，你需要做到六个不要：

1. 永远不要说恶毒的言语。任何人都没有说粗话的权利，更别说卑劣愚昧的事情了，因为恶毒的语言会比利刃更伤人。

2. 不要说得太多。一个人说得少而且说得好，便可视为绅士。

3. 不在任何场所，讲任何人的坏话，不传播任何坏消息，没有比谈论别人的缺点更破坏自己形象的了。

4. 永远不要把别人和你自己的私生活当成海鲜大餐一样与人共同品尝。

5. 永远不要用消极的口吻议论任何人，更不要向别人诉说自己不幸的故事。

6. 不要触及别人不愿意谈论的话题，不要专揭别人的痛处。

你需要做到的：

1. 态度诚恳、亲切。真诚是无法伪装的。不要以为别人看不出，更不要考验自己伪装真诚的演技。

2. 用语谦逊、文雅。称呼对方为“您”“先生”“小姐”等，多用敬语、谦语和雅语，能体现出一个人的文化素养以及尊重他人的良好品德。

3. 声音大小要适当，语调应平和沉稳。无论是普通话、外语、方言，咬字要清晰，音量要适度，以对方听清楚为准，切忌大声说话；语调要平稳，尽量不用或少用语气词，使听者感到亲切自然。

4. 学习幽默谈话。幽默不仅是一种谈话，更是一种人生态度，能产生一股力量，以对抗周围不如意的境况。

剑桥考考你

▼

你的谈吐如何，请照着你选的 A 或 B，依箭头前进找答案：

1. 天气是（　　）

A. 倾盆大雨→ 2　B. 阴雨绵绵→ 3

2. 吃饭都（　　）

A. 狼吞虎咽→4　B. 细嚼慢咽→5

3. 走路走得（　　）

A. 急急忙忙→5　B. 不慌不忙→6

4. 说话（　　）

A. 含糊不清→7　B. 叽叽喳喳→8

5. 站在喜欢的人身边心就（　　）

A. 不知所措→7　B. 扑通扑通→9

6. 想起快乐的事就（　　）

A. 傻笑→8　B. 微笑→9

7. 在鬼屋里觉得（　　）

A. 全身颤抖→A　B. 发寒发毛→B

8. 和尚的头（　　）

C. 光得发亮→B　B. 滑溜好摸→C

9. 压力沉重得（　　）

A. 让人焦虑→C　B. 精神不振→D

测试说明：

A. 说话高手。你可是典型的说话高手，尤其对于你经历或是你感动的事情，你都能说得神龙活现，使对方听得津津有味。

B. 你谈吐幽默、擅长组织。擅长将话题内容加以整理，然后再简洁有趣地说给大家听，相同的话题讲愈 多次，你的技巧就变得更棒。

C. 你是个说相声的高手。一个人说话时可能不怎么有趣，但一旦有个意气相投的人在场，你们就会像相声表演一样，把气氛弄得很热烈。

D. 你是个温柔贴心的倾听者。你有颗温柔体贴的心，别人与你相处会觉得很轻松自在。任何人在你的面前都会很自然地将心事说给你听。

/ 第 3 节 /

举止优雅
会为你的成长加分

剑桥箴言

友善的行为、得体的举止、优雅的风度，这些都是走进他人心灵的通行证。

有一句格言广泛流传：“风度塑造了人。”谈话有礼貌只是举止得体的一个方面，而举止得体是成为绅士的关键。一个心地善良、品行高尚的绅士，优雅的行为举止能给他人带来更多的欢乐和幸福，对社会也更加有利。

一个人的言行举止反映了他内在性情，包括他的情感、爱好、志向、性格和习惯等。一个人的思想情感能激励他的行为举止，优雅的行为根源于谦虚有礼和善良友爱的品格。礼貌是交际外在的一种形式，从本质上说，则是人与人之间关爱之心的反映。优雅的行为和举止是统一的。有一句话是这样说的：“优美的体态胜过漂亮的脸蛋，优雅的举止远远胜过婀娜多姿的身材。任何一件著名的雕塑或名画，都无法比优雅的行为更具魅力。”

友善、热情、优雅的言行举止的真正意义在于，很可能预示着成功的到来。因此，事业上的成就离不开亲切友好的言语和举止。而通过绅士行为潜移默化地培养绅士风度，已经在今天的剑桥大学中得到了很好的实践。如剑桥平时的一日三餐就极为正式，每日三餐，学生们都会聚在一起用餐，很多学院食堂仍坚持在晚餐时用烛光照明，以示不忘传统，风格庄重而清新，既注重礼仪又不过分拘泥。

剑桥大学的用餐文化最重要的不是形式，而是让学生学习如何像绅士那样优雅地用餐，嘴唇从不漏食物碎屑，手指头也不会浸入汤里；他能够将食物轻轻举起，不让一星半点掉在胸前。社会理论学家索尔斯坦·维布伦认为，精致的谈吐、举止和生活习惯，都是优雅的标志；良好的教养需要时间、实践和成本，剑桥大学的某些制度就是让学生在学习专业知识之余，从行动和习惯上培养许多人很难拥有良好的教养。

讲礼貌的传统，也是剑桥大学，乃至整个英国的特征和传统。行为中的礼貌发端于贵族生活和骑士之风，谈到礼貌礼仪，就不能不谈到维多利亚女王，她本人就以其高雅的个人修养而享誉欧洲大陆，她要求自己处处做到高雅、体面、端庄、节制。她对自己的子女在礼貌方面要求更加严格，订立一系列严厉的家规，稍有不慎便对他们进行无情的鞭打和杖责。维多利亚时代被后人称为“The Polite Society”，即文雅社会。这位英国女王的行为对以后英国教育产生了极大的影响，成为许多大学推崇的最高标准。

所谓绅士风度，就是一个人帮助别人时，不会邀功。施舍时，倒像在接受施舍；争论时不会口不择言，也不会胆怯退缩；不会占人便宜，不会把人格魅力或尖锐言辞当成论证，也不会迂回地讽刺骂人，不会因为别人出言不逊而感到被冒犯。因为他清醒明智；他不会记得他受过的伤害，因为他专注于眼前要做的事；他不会对人心怀恶意，因为他没有那种空闲。这样的绅士风度，其实就集中体现于“言、行”二字。

真正的绅士“会小心地避免让旁人感到刺耳或不安。他会避开意见的冲突、感受的纠结，不让人觉得压力或疑惑，也不激起愤怒。他最关心的就是让每一个人都感觉舒适自在”。绅士风度并不是顺着人天生的本能就可以发展成功的，需要接受教育并进行修养，并且目标都是“修己善群”，使自己成为维护群体秩序的中坚力量。

来自剑桥的情商秘密

优雅的举止能为你加分，因此，你也应该知道一些成为一名绅士的常识：

看着别人的眼睛说话。

对衣着穷酸的人和衣冠楚楚的人要一视同仁。

关于门。如果写着“推”，你先走；如果写着“拉”，别人先走。应该让年长者先过，如有必须先走，也要先道歉一声再过去。

关于女性。避免不必要地接触女性的身体；在公众场合中不要让女性尴尬。不要亲昵近乎猥亵地说话，也不要越过大堂大声呼叫女子的名字。

严守时间。

有一双干净修长的手，修剪整齐的指甲。

在吃饭时从不发出声音。

喜怒不形于色，在人群中独自沉默。

即使不吸烟，随身也要携带打火机，以方便在周围的女士吸烟时为其点烟。

准备一个钱包，口袋最好别装钱，更不能把钱塞到每个口袋中。

除此之外，在一位绅士看来，吐痰、流鼻涕、放屁这三种最令人憎恶的行为，是应该完全摈弃的。

剑桥考考你

▼

王室公主与平民的差别，大概就是即使她衣着褴褛，也难掩自然散发出来的优雅吧！当你一进入宴会大厅，旁人就已经可以偷偷看出你的优雅程度了，要不要自己先测验一下呢？

1. 你会选择穿哪种礼服去参加宴会呢？

A. 缀满荷叶边的浪漫礼服　B. 领口绣着蕾丝的清纯礼服

C. 不张扬的简单礼服

2. 当你进入会场时，马上有一位男士上前来迎接，你认为他会是什么样的人？

A. 英俊的十几岁小伙子　B. 稳重的二十几岁男子　C. 亲切的老者

3. 手上拿的皮包不慎掉落在脚边时，你会怎么处理？

A. 你会稍微蹲下身体伸手去捡起来，并使裙摆不碰到地面；

B. 你会用一只手压住裙子再弯下腰去捡；

C. 你会请附近的男子帮忙捡。

4. 这次宴会来了一些各领域的超人气名人，你希望跟哪种人交谈？

A. 演员　B. 运动选手　C. 作家

5. 某次宴会的礼物若只能从下面三项中选择，你会选哪个？

A. 瑞士巧克力　B. 法国手帕　C. 中国水墨画

测试说明：

选 A 得 1 分，选 B 得 3 分，选 C 得 5 分，最后计算得分，根据得分划分类型。

21—25 分。优雅到极点

你优雅的程度不禁让人怀疑你是个货真价实的公主，让我们这些平民百姓高不可攀，有时你甚至让人感觉到很高傲。

13—20分。普通优雅

虽然不是与生俱来的，但你还算得上是个蛮优雅的人。你的优雅是为了避免自己在众人面前丢脸而努力学到的。

5—12分。不怎么优雅

很遗憾，你实在是跟优雅一词沾不上边。不过你的优点是很容易亲近，与其刻意装优雅不如好好发挥你平易近人的优势。

/ 第 4 节 /

无论何时何地，
都应该显示出对人的尊重

剑桥箴言

要尊重每一个人，不论他是何等的卑微与可笑。要记住活在每个人身上的是和你我相同的性灵。

绅士的品格还表现在懂得尊重，无论是男人或是女人都应该如此。如果人与人之间缺少尊重，那么连基本的信任都不存在。不礼貌、不文明的行为，从根本上说，就是不尊重别人。穿戴不整、蓬头垢面，再加上令人生厌的生活习惯，这种人会让人很不舒服。试想一下，看到一件很久都没穿过的衣服，上面积了厚厚的灰尘，你会有何感受呢？有些人认为是不拘小节，因而衣衫不整。实际上，这也是不尊重别人的表现。以这样的形象，怎么能给人家留下好印象呢？

缺乏良好修养和道德的人，根本不知道如何尊重他人。他们只会肆意妄为，他们放纵言行的后果，往往是失去朋友。这种人往往是虚荣的，自私的，他们的言行都表现出粗鲁生硬的一面，他们不会去尊重别人，别人也不会喜欢他们。或许这并不意味着他们的天性就恶毒，只是他们从来都不会注意别人的痛苦和忧郁，更别提对他人的同情和关心了。其实，能给他人带去一点安慰和愉快的仅仅是一些细微的言行。一个人是否有自我奉献的精神，在日常生活中能否体贴、关爱他人，在很大程度上取决于他的修养。

当一个真正的绅士面对他人的无礼与傲慢时，不会用同样的方式反击，反而会以优雅的方式回应。一次，歌德在公园里散步，遇见了一位经常和他针锋相对的批评家。那位批评家摆出一副十分傲慢的架势，挡在歌德面前说："我是从来不给蠢货让路的！"歌德听了他的话并没有生气，而是微笑着对他说："我倒正好相反。"说完便让开了路。

无独有偶，奥斯卡·列凡特是美国20世纪有名的钢琴家和作曲家，又以机智幽默善于搞怪而著称。一天晚上，列凡特正在为观众演奏钢琴曲，悠扬的乐曲从他的十指间轻轻流泻出来，列凡特表演得投入，观众也沉浸在美妙的音乐中，如醉如痴。这时，一位观众姗姗来迟，从座位间的过道向音乐厅的中央走去，尖尖的鞋跟有力地叩击着地板，发出刺耳的声音。观众的兴致被这突如其来的不和谐音符给搅乱了，列凡特也停止了演奏。所有人的目光都集中在了这位女士的身上，她也明显感觉到了，但是仍然故作镇静，昂首挺胸，大步向前。

忽然，钢琴声再次响起，大师现场发挥，专为该女士量身创作了乐曲——女士犹豫了一下，放慢了脚步，音乐也随之变得节奏舒缓；她停下来，音乐也戛然而止；她快步疾走，音乐也立刻转为欢快急促。所有的观众都被女士现场的盛装舞步滑稽表演逗得哈哈大笑，现场气氛达到了高潮。女士终于在自己的座位上瘫坐下来，面红耳赤，尴尬至极。列凡特以眼还眼，他用一个恶作剧惩罚了女士，同时也让她和现场的观众们明白了一个道理：不尊重他人同样也不可能得到他人的尊重。

人性最深切的渴望，是得到别人的尊重。任何人——不论贫富、贵贱、长幼，都希望在社会中有自己的一席之地；没有人希望自己被他人忽视、遗忘、鄙弃。尊重是一种修养，一种品格，一种对人不卑不亢、不俯不仰的平等相待，对他人人格与价值的充分肯定。任何人不可能尽善尽美，完美无缺，我们没有理由以高山仰止的目光去审视别人，也没有资格用不屑一顾的神情去嘲笑他人。假如别人某些方面不如自己，我们不要用傲慢和不敬的话去伤害别人的自尊；假如自己某些方面不如别人，我们也不必以自卑或嫉妒去代替应有的尊重。一个真心懂得尊重别人的人，一定能赢得别人的尊重。

来自剑桥的情商秘密

尊重的力量是伟大的，这种力量不是作用于人的外部，而是撼动着人的灵魂；不是被动地接受外来的压力，而是内心产生的自我需求。实际上尊重别人并没有太大的困难，甚至是件容易的事情。但作为被尊重者就大不一样了，它可以改变人生的态度，改变以往固有的思维定式，打造一个全新的人生。我们学会尊重他人,哪怕是报以一个浅浅的微笑，一句轻轻的尊重话语，一个细小的尊重动作，他们紧蹙的眉头都会如花般舒展。所以，学会尊重他人，别人就会还给你更多的尊重。

1. 首先认识自我。把自己摆在恰当的位置上，正确评估自身的才能和价值，过分自我关注的人，将不可能认识自我，不仅自身不幸，还会常常怨天尤人。丢掉客观公正的自我，永远谈不上去尊重别人。

2. 换位思考。经常问问自己如果我是他会怎么办，善于站在他人的角度；感同身受，推己及人。

3. 当别人讲话时，不要打瞌睡；当别人站着时，不要坐着；当应该保持安静时，不要说话；当别人停下时，不要独自行走。

4. 切勿与在上者争论，只将自己的意见有礼貌地陈述。

5. 不要教导同辈他已经知道的事，因为这种言谈有自大的味道。

剑桥考考你

▼

你是一个懂得尊重他人的人吗？请尝试进行这项测试：

1. 当和别人意见不合时，你已经很生气，但你能很好地掩饰不满吗？
2. 当遇到困难时，你会觉得这是成长的必经之路吗？
3. 当朋友心里有难言之隐时，你能通过他的行为发现异常吗？
4. 遇到大事时，你晚上的睡眠质量还是可以的吗？
5. 看到一部好的电影时，你会与好友分享吗？
6. 当你状态不好时，你会适时转变，重新开始吗？
7. 你认同“走自己的路让别人说去吧”，对别人的流言蜚语很在乎吗？
8. 你是那种做事绝不后悔型的人吗？
9. 你能很快适应一个新环境，比如新学校、新单位、新工作吗？
10. 朋友都比较喜欢你，基本上你是每场活动必到吗？

测试说明：

选择“是”得 1 分；选择“否”得 0 分。

1—3 分。你比较容易情绪化，不太懂得尊重他人。

4—6 分。你有时候懂得尊重他人，但有些场合做不到。

7—10 分。你是一个懂得尊重人的人，当处于强烈情感边缘时，你依旧表现得很有风度。

/ 第 5 节 /

规则首先是约束自己的，一位绅士永远不会破坏规则

剑桥箴言

自律是人类精神的苏醒。投入茫茫人海，每个人便有了属于自己的一席之地，就是所处的位置，每个人都需要认清自己并认清自己生活在其中的这个世界是怎么一回事。需要知道什么是应该做的，什么是不应该做的。

一个绅士的必备素质包括：控制自己不安定的情绪或冲动，在压力面前保持清晰的头脑；以诚实赢得信任，并且随时都清晰地理解自己的行为将影响他人，等等，而这些都可以用一个词来代替——自律。

2003 年，高尔夫球名将老虎·伍兹参加伤愈复出后的第一场比赛，“老虎”的身影刚一出现，就引来了专程赶来为他加油的球迷的欢呼，但就在此时，人们发现了一件可怕的事情——他的上衣竟然没有衣领，当时的媒体这样记述道：“那些打了一辈子高尔夫的人简直不敢相信自己的眼睛。”早在 1754 年，由 22 个贵族及绅士组成高尔夫球组织就制定出十三条高尔夫规则，从而使这项没有裁判参与的运动有了自己的规则。其中，穿着带领子的上衣赫然在列。而现如今，几乎每个著名的高尔夫俱乐部都有这样的规定。

老虎·伍兹并不是第一个破坏着装规矩的人。前英国高尔夫球赛冠军马克思·福克纳就是先例，这位球手喜欢身着色彩鲜艳如霓虹灯般的球衣进行比赛，并认为这能为自己带来好运气。然而这样不合规矩的行为，遭到了当时高尔夫球界的联合抵制。“伍兹事件”之后，美国某家著名高尔夫俱乐部的负责人坦言：“他穿没领的衣服是不能在我们这里打球的，谁都不行。”很显然，绅士就是用这种方式，将他们与运动员区别开的。

苏格兰圣安德鲁斯庄严的皇家高尔夫球俱乐部在修改规则的附加条文中写道：“在该运动中要照顾到其他参与者，并遵守规则，这依靠参与者个人的品德。所有参与者应自我约束，任何时刻都要表现出风度、礼让和运动员风范。”在高尔夫球中，在没有裁判的情况下，进行公平的竞赛运动，是对每个人自我约束力的考验。同时穿着合乎规定的服装进行运动，尤其是带有领子的上衣，则是绅士之间相互辨识、区别的最好途径。按照规则着装，显然是自律精神的一个重要方面。

除了高尔夫，帆船运动也被人视为绅士运动。勇于任事、敢于冒险、顽强坚毅、无所畏惧，这些是从事帆船运动员的必备素质，但更重要的就是每位成员都要自律，帆船运动充满未知，你做了什么违反规则的事，往往无从求证、无从追究，每个人参与进来，都要采用一种信任的态度，互信自律。比如在航行中有这样的规则：航海中左舷船与右舷船相遇，左舷船要主动避让，右舷船保持自己的航线即可。对于左舷船的水手，自律就要求你主动观察，主动采取避让动作。如果你违反规则，必定遭到惩罚，甚至是退赛。

记住，规则首先是用来约束自己的。一位哲人说：“遥远的罪恶与你我有关。”其实，很多规则的破坏都与你我有关。遵守规则没有“看客”，每个人都是主人。社会秩序良好，有我们的一份功劳；秩序不好，也有我们的一份责任。要求别人遵守规则，自己先要遵守规则。如果说规则是他律，那么遵守规则就是自律。破坏规则的，永远不是绅士应该做的。

来自剑桥的情商秘密

剑桥大学的学院制已经成为一种全世界绝无仅有的特殊文化。每个学院都有自己完整的一套行政体系、体育设施和学生组织，其中就包括各种体育俱乐部。因此，剑桥的体育联赛很少以专业为单位举行，通常都是在学院俱乐部之间进行。尽管是非专业比赛，但所有的比赛赛程有着一套严格而烦琐的规定，各种各样可能的纠纷和解决方法都列得清清楚楚。在俱乐部的眼里，既然有了规定，就没有必要再派人监督，依靠学院之间的互相监督就足够了。

即使是牛剑网球对抗赛或者温布尔敦少年组预选赛这样的重要赛事，也是不设裁判的。因为每个选手都具备良好的素质，遵守其比赛规则，并且都有良好的球德，不会对比分过分计较。也许正是这种自律和良好的心态，使得剑桥大学的学生可以真正地享受网球这项运动的乐趣。

人要学会自律，自律才能让自己更加完美。自律是由五条支柱支撑的，它们分别是：认同事实（Acceptance）、意志力（Willpower）、面对困难（Hard Work）、勤奋（Industry）以及坚持不懈（Persistence）。如果你把每个词的首个字母取出来，你便会得到“一条鞭子（A WHIP）”。这条鞭子便是鞭策你自律的关键。

剑桥考考你

▼

几乎所有的事情都是离不开自律能力的，如果缺乏自律能力，必然做不出业绩。本测试为你提供一个参考。符合你的情况则回答“是”，反之回答“否”。

1. 当你因为娱乐耽误了计划好的一项必须要完成的事情，你会不会后悔？

2. 当被人要求做一件事情，并且你知道这件事情有很大的难度时，你是否会认为这是一项有趣的挑战？

3. 如果某项事情应当在今天完成，但你知道即使明天完成也没有人批评你，你会在今天完成吗？

4. 你经常仔细地计划你的零用钱吗？

5. 你通常能准时起床吗？

6. 你是否善于记录、存放各种资料？

7. 如果你需要用某一证件，你能否自己在一两分钟内找到它？

8. 如果你要完成一件特别紧急的事情，你能否一连数天都坚持，直至完成？

9. 你是否经常主动做一些分外事情？

10. 你能长时间自动自发地学习吗？

11. 你是否在没有人要求下，为自己设定学习目标及完成截止日期？

12. 你是否经常计划如何使用你的时间？

13. 你今天是否做了时间支配计划？

14. 如果某件事你不乐意做，但父母必须要求你做，你会拒绝吗？

15. 你总能专注地做一件事，而不会受外界干扰吗？

16. 如果某件事情很重要，即使没有人强迫你，你也会自发地做好它吗？

17. 你的作业或者论文没有完成，而这天晚上恰又有你非常喜爱的球赛，你会选择写论文吗？

18. 碰上棘手的难题时，你总是首先想办法自己解决吗？

19. 你需要一些资料却无法得到，你会立即找人提供帮助吗？

20. 你不存在多次决心做某件事却最终因为主观原因没有做成的情形，对吗？

测试说明：

回答“是”得1分，回答“否”得0分。

15—20分。自律能力强；

10—14分。自律能力一般；

5—9分。自律能力较差；

0—4分。自律能力就太差了。

/ 第 6 节 /

英雄和懦夫的显著区别是风度

剑桥箴言

真正的英雄在绝境中也不会变成懦夫，因为他有要捍卫的荣誉，以及习以为常的风度。

真正的绅士品质并不取决于表面的时尚或礼貌，而取决于道德价值；并不取决于个人的财富，而取决于个人的品质。在人们的印象中，绅士桀骜不驯，甚至有些古板，然而他们充满热忱又不乏勇气和胆识，最重要的是他们关注弱者，敬重弱者，心甘情愿地帮助弱者，并将其作为自己的使命。

我们熟知的泰坦尼克号事件恰好证明了这一点。当时，亿万富翁约翰·雅各布·阿斯德问负责救生艇的官员，他可否陪同正怀着身孕的妻子马德琳上艇，那个船员说了一句“妇孺先上”之后，他就像一个真正的绅士一样，回到甲板，安静地坐在那里，直到轮船沉没。阿斯德是“泰坦尼克号”上唯一的亿万富翁。

“泰坦尼克号”上另一个财富仅次于阿斯德的是美国“梅西百货公司”创始人施特劳斯。当泰坦尼克号撞上冰山后，有人向 67 岁的施特劳斯先生提出：“我保证不会有人反对像您这样的老先生上小艇……”然而，施特劳斯却坚定地回答："我绝不会在别的男人之前上救生艇。"然后挽着 63 岁的太太埃达的手臂，走到甲板的藤椅坐下，等待着最后的时刻。

当知道自己没有获救的机会时，富豪本杰明・古根海姆穿上了最华丽的晚礼服，他说："我要死得体面，像一个绅士。"他给太太留下的字条写着："这条船不会有任何一个女性因为我抢占了救生艇的位置，而剩在甲板上。我不会死得像一个畜生，会像一个真正的男子汉。"

西谚有云："即使是一个英雄，在绝境中也会变成懦夫。"但泰坦尼克号却把无数普通人变成了英雄！他们是怎么做到的？《永不沉没》一书的作者丹尼·阿兰巴特勒分析道："很大的原因是船上的这些绅士贵族，以及船长船员以身作则，这种表率作用产生了号召力，使人们跟从、效仿那些做了正确、高贵、美好事情的真正男人"，这些人"生下来就被教育这样的理想：责任比其他的考虑更重要，责任和纪律性是同义词，在泰坦尼克号沉没前的几小时中，这种责任和纪律的理想，被证明是难以被侵蚀的最有力量的气质"。

泰坦尼克号所属的"白星轮船公司"事后也表示：没有什么所谓的"海上规则"要求这些人做出那么大的牺牲，他们做了只能说是一种强者对弱者的关照，这不管在陆地还是在海上都是一样的。这是他们的个人选择，不是任何规章制度、航海规矩可以要求达到的。他们坚守住的是古老却永远年轻的人类价值，责任意识举起了人的价值、人的高贵、人的美丽。

你也应该多参加社会的公益活动，增强自己的责任感，让自己成功。记住：如果我们做不了什么伟大的事情，我们还可以用伟大的爱去做小事情。用细小的事传递博大的爱，使我们相信无数滴水最终能够汇成汪洋。它不仅将爱与关怀带到人类最黑暗的角落，更因此使越来越多的人变得更加善良。

来自剑桥的情商秘密

有风度的人懂得尊重，也受人尊重。我们又该如何做才能成为一个有风度的人呢？

1. 从我做起，把我看成一切的根源。多问自己“我做得如何，什么是我的责任？”

2. 勇于负责、敢于担当。记住，人生所有的履历都必须排在勇于负责的精神之后。

3. 多参加公益活动，在实践中体会奉献的乐趣，从而树立帮助别人，服务社会的责任感。

4. 信守承诺。一个能为自己的言行负责的人，必定会越来越强大。

5. 敬畏生命。我们每个人都拥有生命，但并不是每个人都关注生命。真正的人会遵守这个规矩，去帮助所有亟待救援的人，避免伤害任何生命，你要无限伸展对所有生命的责任。

剑桥考考你

▼

你是一个有风度的人吗？尝试回答下列问题：

1. 当周围的同事排斥一个同事时，你会……

A. 主动接近他，弄清不受同事的欢迎的原因并帮助他　B. 排斥他　C. 与以前一样

2. 来了一位新同学，你是否会主动接近他？

A. 是　B. 否　C. 偶尔

3. 在大街上遇到以前的老师你会主动打招呼吗？

A. 主动打招呼　B. 老师看到你时就打招呼，否则就不打　C. 装作没看见

4. 你如何对待伤害过你的人？

A. 从心里原谅他　B. 可以原谅他，但不会忘记此事　C. 报复

5. 在你逛街时，突然听见有人喊救命，你会……

A. 去救他　B. 犹豫不决　C. 躲开

6. 你的伙伴获得赞扬并被奖励，而你没有，你会……

A. 向他学习　B. 和平常一样　C. 嫉妒他

7. 你认为帮助别人是一件快乐的事吗？

A. 是的，如果我所做的事是对别人有帮助的话

B. 是的，别人要求我帮助的话，我很少拒绝

C. 不是，不过，如果我感兴趣的事，我可以帮助他

8. 你是否经常感觉别人对不起你？

A. 不是　B. 偶尔　C. 是

9. 你是否经常赞美别人的优点，原谅别人的缺点？

A. 是　B. 偶尔　C. 不是

测试说明：

选 A 得 2 分，选 B 得 1 分，选 C 得 0 分。

14—18 分。优秀，你很有风度，能充分认识到别人面临的困难，理解他人的难处，甚至当他们冒犯或伤害了你时，你能对此表示理解。

9—13 分。合格，大多数情况下，你是一位有风度的人。

0—8 分。不合格，你是个没风度的人，需要培养爱心，如果用爱的眼光看世界，你一定会有另一番感受。

/第十堂课/

独立精神

人生最大的悲剧在于不知道自己是谁

/第1节/

学会独立思考和独立判断，比获得知识更重要

剑桥箴言

学会独立思考和独立判断，比获得知识更重要。不下决心培养思考习惯的人，将失去生活的最大乐趣。

爱因斯坦曾说:“学校的目标应当是培养独立工作和独立思考的人，这些人把为社会服务看作自己最高的人生问题。就我所能做判断的范围来说,英国学校制度最接近于这种理想的实现。”今天的剑桥,就是如此。每一个进入剑桥学习的学生，首先要学会的就是独立。一个理想的学生应该拥有极高的学术天分和刻苦学习的潜能。同时，他必须在生活、学习上和思维上独立，并且在学术上有自由思考的能力。

面对未来，你必须具有独立发现问题和独立解决问题的能力，创造性地进行工作。独立思考是一个人学习的灵魂和特质。独立人格、独立精神、独立思考问题的方法，这三者都十分重要，缺一不可。如果你的独立思考和独立生活的能力都很差，就根本无法在社会上生存，更无法承担重任。一个人甘于平庸，处处事事和别人一模一样，亦步亦趋，如出一辙，那肯定是一个依附性的人，他不可能在学习和事业上有所开拓和创新。

独立思考对于人们认识世界和改造世界，意义十分重大。因为任何一个权威、任何一种书本、任何一种习俗，都不可能是十全十美的，必然有这样那样的缺点、错误。一个人只有重视独立思考，善于独立思考，才能找出这些缺点、错误，使自己的事业少走不必要的弯路。伽利略、达尔文、爱因斯坦等人正因为他们的独立思考精神，才使他们的思想改变了多数人对事物的认知,后来终于变成主流的声音,改变了历史的进程。

世界上最悲哀的人，往往是那些不会独立思考的人；最大的悲剧就是打击他人独立思考的情绪。每个行业都会产生成功者，卖保险的经纪人可以成为巴菲特，交易员可以成为索罗斯……不过，这些人肯定不是听到别人说“某某行业旱涝保收”或“某某职位薪水最高”就一拥而上的那种人。许多青年人最大的问题就在于，一方面自视颇高，另一方面却完全不知道自己的兴趣和道路何在，也从来没有锻炼自己独立思考的能力。

因为生活总是纷繁复杂，千变万化，在一个特定的处境下，该用哪一个普遍性真理，又该如何找出一个特殊性的措施，最终要靠自己的理性去定夺，任何其他人——无论这个人与你的关系多么亲近——都无法替代。

如果说，大自然赋予森林的逻辑是：让每一根树木以自己的根、茎、叶向大自然汲取营养，以实现自己的最大发展；那么，我们也可以这样说，大自然赋予人类的逻辑是：让每一个人以自己的头脑、心灵来对人间世各种现象的深刻本质做出自己的独立判断，找到自己的前进道路，进而实现自己生命的最大价值。

来自剑桥的情商秘密

培养独立思考的能力，你可以按着以下几点进行：

1. 远离习惯性思维，即通过限制习惯性观点的摄入量来不断锻炼你独立思考的能力。遇到问题不要试图去寻求答案，先自己想一想，同时回避那些自己习惯性的观点，尝试以一种新的标准来看待问题，而不是仅仅是获取答案。

2. 练习质疑，敢于质疑。一个人如果迷信权威，是无法形成独立思考能力的。你要练习质疑，用谨慎的思考来证明自己的观点，当意识到自己是正确的，还要敢于质疑，绝不能人云亦云，有时候还要敢于挑战权威。

3. 尝试改变，寻求新方式。生活中解决问题的方法绝不止一个，如果你习惯了总是用一种方式来解决问题，很容易墨守成规。尝试在生活中做出一些改变，通过思考看看是否还有别的方法可以解决问题。

4. 转换角色，以旁观者的眼光去思考问题，客观看待问题。有时候人们对某一件事或某一个人的看法不同或解释不同，并不是因为他们有不同的价值观或评价体系，而是因为他们对这件事或这个人所拥有的信息资料不同所致。因此，要做到兼听则明，做到客观地看待问题。

剑桥考考你

▼

当你确信自己是正确的，但是其他人却不赞同你时，你会怎么做？

答：我会确保有足够的信息来支持自己。一旦我确信自己的观点是正确的，我会密切关注反对者的具体反对理由。我将从他们的角度看待问题，并以此说服他们。由于互相尊重，我相信可以最终达成协议。

/ 第 2 节 /

学会独立，你的人生才算完整

剑桥箴言

世界上最坚强的人就是独立的人。

在剑桥，如果没有独立自主的学习能力，想要完成学业是根本不可能的。剑桥大学的教育以学生自学与教师讲授相结合，每学期公布每门课的教学大纲、考试方法、参考书目，而且剑桥的授课老师从不照本宣科，喜欢天马行空，所以学生在课前必须做足功课。另外，剑桥大学的考试也十分严格，不会给任何人第二次机会，只要参加考试，最后的总成绩没有通过，也就是低于第三等（Third Class），那么你就永远只是在剑桥读过书而已，却没有机会获得剑桥大学授予的正式学位。

有很多人天真地认为，有终身依靠，无须努力就能衣食无忧，是人生最幸运的选择。这实在是大错特错！爱默生曾说："靠承袭别人的思想而活在世上，或墨守自己的主张而遗世独立，这都不是什么难事；然而那种鹤立鸡群而独立自主者，才是了不起的。"

生活中没有旁观者的席位，每一个灵魂都是一个世界，而每一个世界都是一个独立的个体。在独立中，我们总能找到属于自己的位置，自己的光源，自己的声音。在这方面，作为长辈也应给予孩子锻炼独立能力的机会，著名舞蹈家邓肯就曾说：“给子女们留下的钱越多，孩子们就越软弱无能。我们给子女最好的遗产就是放手让他自奔前程，完全依靠他自己的两条腿走自己的路。”

人活着必须有所依赖,但又不能完全依赖。没有可以依赖的人或事，生命就会显得孤独和空虚，而完全依赖某些东西却会失去自己。你必须学会独立，找到自己的路，以便在整个人生过程中发挥自己的作用。

人生所有的事情，依靠的还是你自己，学会担当，学会坚强。这个世界，没有谁有责任扶持你，没有谁有义务帮助你，你的事永远都是你自己的。担当是每一个人必需的，坚强是我们必需的，生活中的许多事情都要忍耐坚强。不因别人的看法而改变，不因别人的冷漠而退缩，告诉自己，继续努力坚强。不论何时何地，我们能够依靠的主要是自己，朋友能给你帮助，但不会永远，亲戚能给你关心，但不会永久。生你养你的父母能给你关爱，亲同手足的兄妹能给关怀，但这些也不能永远、永久。

人生所有的路需要自己走，别人能帮你一时，总不能帮你一世。只有努力学会独立，你的人生才算完整。正如俞敏洪曾说的那样：“人在世界上应该独立地生存，尤其是精神上的独立；这并不意味着不和别人打交道或不互相帮助。但有人就像藤一样，总要依赖缠绕于墙、树甚至腐朽的木棍才能生存，最后常把树缠死；人应该像树一样，扎根土地，独立成长，树与树之间枝杈相交，那是感情的交流、友谊的问候，但精神就像树的主干，永远独立。”

来自剑桥的情商秘密

来到剑桥，并不代表你就能成才。剑桥极重视一个学生的独立性，它始终要求学生做到三方面的独立：生活上独立、学业上独立和心理上独立。

1. 生活上的独立。养成生活上的独立习惯，也是培养独立性最重要的环节，生活上的自理能力很弱，对家庭的依赖性太强，而家长、学校为了使其能顺利完成学业，也就忽视了对其独立性的要求。注意培养自己独立生活的能力，从纷繁的日常小事开始，训练自己处理问题、发展各种基本生活技能的能力，会使自己产生自立的感觉。先从外部行为上摆脱家庭的呵护关心，才能进一步走向思想的成熟与独立。

2. 学业上的独立。大学时代，学习重点就是独立性。自由时间的增多，学业上的自主自由也比较大，建立起自己的知识体系是你学习的突出特点。大到怎样规划自己大学时代的总体时间，小到去图书馆选择哪一本书，以至在学术上怎样形独立的见解，这些都与学业上的独立性息息相关。

3. 心理上的独立。心理上的独立，意味着对外界影响的抗干扰能力强，有自己的观点和行动，对失败有一定的耐受力。同时，独立不是与外界的分离和孤立，而一种与周围环境的更大程度的谐调。有不受制于外界影响的情况下与外界环境保持和谐。

剑桥考考你

▼

你的独立性程度如何，你是否具有以下特点？

1. 遇事退缩
2. 不敢面对困难
3. 做事顾虑重重
4. 缺乏勇往直前的气魄

5. 一贯服从他人

6. 凡是要求家长为自己决策

7. 一旦失去依赖对象，就茫然不知所错

8. 受人欺负后不敢抗拒，回家诉苦

9. 时间观念淡薄

10. 做任何事情总要拉别人才行

11. 从不做家务

12. 穿衣、洗脸也要父母包办

13. 什么事情不管会不会，从不想去试一试

14. 没有自己的行动方向

15. 听别人的指挥，去做对自己毫无意义的事

测试说明：

每一题“完全像自己”得 1 分；“有些像”得 2 分；“不像”得 3 分。

0—29 分。你的独立性很差，应该尽早加强锻炼。

30—40 分。你具有相对较好的独立性，还需进一步加强。

41—45 分。你具有较强的独立性，对你今后的发展大有好处。

/ 第 3 节 /

独立
从做自己开始

剑桥箴言

个人总须挣扎才不致被社群所淹没，做自己是一件困难的差事，如果你去尝试，你常常会寂寞，有时会害怕。但为得到掌控自己的特权，没有代价是高得不能付的。

伊拉斯莫说过，一个人成为他自己了，那就是达到幸福的顶点。谁的人生都是独一无二的，没有谁的人生可以复制，也没有必要去复制，你只能做最好的自己。只有做好自己，生活才是你自己的生活，世界才是你自己的世界，精神才是你自己的精神。模仿等于复制，只能做别人的影子而已。因为无论模仿得怎么惟妙惟肖、精美无比、细致入微，充其量也只不过是一场完美的复制罢了。

在中国，很多人认为第一名就是成功。变味的竞争已经让许多人陷入一种恶性循环之中：成不了第一，就是失败；越失败越缺少自信与快乐。美国作家威廉·福克纳说："不要竭尽全力去和你的同僚竞争。你应该在乎的是，你要比现在的你强。"

乔布斯在一次访谈时，遇到这样一个问题，当时的记者问他对于苹果的市值超过微软一事的看法。乔布斯以不置可否的语气回答记者："第一，苹果的市值会不会超过微软，这不是我和我们的公司所关注的事情，我们所关注的只是如何将苹果产品做到更好；第二，苹果的市值会不会超过微软这也不会是消费者选择苹果产品的原因，消费者关注的只有苹果产品够不够好而已。”

著名画家凡·高生前穷困潦倒，但却酷爱绘画。然而，最开始他的画作与当时学院派画家的作品一样矫揉造作，直到他的兄弟提醒他说：“这完全不是你的风格，你应该找到自己。”于是，凡·高开始不再迎合那些贵族们的欣赏趣味，不再为绅士淑女画像，而去矿井、野外，去矿工的棚屋、织工的茅舍，去三等车厢的候车室里寻觅描绘的对象。他创作了许多洋溢着生活激情、富于人道主义精神的作品，最终成为世界瞩目的画家。仔细观察每个领域的成功者，不论是音乐家、艺术家或是什么专家，他们之所以成功都不是因为模仿别人。有任何人因为看着别人的作为有样学样而成功的吗?

你一定要记得，在做你认为是对的事情之前，要尽自己所能的先做好功课。忠于自己的选择，直到完全确定你的想法是正确的。绝对不要在还没这么做之前采取任何行动。你会发现，那些不成功的人通常是没有花时间研究就贸然涉入一个他们不了解的领域，更糟的是，他们拒绝学习，结果赔上了宝贵的时间与金钱。

来自剑桥的情商秘密

生命就像自己的家，如果不坚持做自己，就会让别人进来布置，但是我们千万不能忘了，在里面住一辈子的还是我们自己。

做自己，就是做心底最想做的事情，而不是做别人认为你所应该做的事情。

做自己，就是不被他人影响。很多人，别人说个什么他都很在意，恨不得立即去证明、去反驳、去改正。

做自己，就是有目标，有动力，有方法，遇到挫折，能咬紧牙关坚持。

做自己，核心是要有自己。做自己，很难，而且需要很大勇气，但是绝对值得去努力。

剑桥考考你

▼

你是一个勇于做自己的人吗？尝试回答下列问题。

1. 有人坦率地对你说，你的好朋友在人前说你的坏话。几天后，你见到了这个朋友会怎样？

A. 你沉着脸，提醒他要遵守友谊的一些基本原则

B. 你装作什么都没发生，但心存芥蒂

C. 他的言行举止没有丝毫异常，你觉得自己可能没有正确理解别人的话

2. 你会送儿时的自己一句什么格言？

A. 你的力量在你的弱点中

B. 言语是银，沉默是金

C. 错误是最好的老师

3. 恼怒，想找回内心的平静时，你会给自己哪些建议？

A. 不要责怪自己

B. 要相信自己

C. 表达自己的所感所想

4. 你最害怕哪种人？

A. 带着诡异微笑的操纵者

B. 充满攻击性的煽动者

C. 咄咄逼人的审讯者

5. 度假期间，什么事有可能打破你内心的宁静？

A. 朋友不断地不约而来

B. 与身边的人发生的摩擦和冲突

C. 一个需要推翻你全部计划的邀请

6. 当你走进教室时，众人的窃窃私语顿时停止，你会对自己说什么？

A. 在一个集体中，总需要一只替罪羊

B. 我可能又做错事了

C. 既然他们不愿意让我分享他们的秘密，那就算了

测试说明：

如果你大部分答案为A。你是评判的俘虏。你的心理情感严重缺乏自主性。你的内心紧张，害怕失败，害怕成为笑柄和遭到社会和情感的排斥，担心别人对你的看法。

大多数答案为B。你害怕制造冲突。你缺乏自我肯定，害怕紧张的气氛或激烈的讨论。“所有问题都自己扛”这句话最能反映你和自己情绪的关系。你听任别人的责难而不做回应，你努力避免引人注目，甚至宁愿屈从于别人。

大多数答案为C。你偶尔会犹豫，寻味别人的建议，对自己要做的决定和要说的话拿不定主意。你对自己缺乏了解，因此常常自我感觉良好。

/ 第 4 节 /

拿着别人的地图，永远不会找到自己的路

剑桥箴言

想成功最快的方法是做你喜欢做的事，然后全力以赴。

生活中，有很多东西都是我们无法选择的。譬如，我们无法选择自己的父母，我们无法选择自己的邻居和老师。但是，如果你一辈子只是一直在适应和顺从，做的都是一些小小的选择，肯定不会在人生和事业上获得成功与快乐。

有这么一个人，当年考上了哥伦比亚大学的法律专业。虽然前景可期，但他却逐渐发现自己并不真正喜欢法律。上专业课时，他丝毫提不起精神来，甚至幻想把课本扔到教授身上发泄愤懑。此时，他接触并喜欢上了计算机，每天疯狂地编程。老师和同学们都对他的“不务正业”非常讶异。终于，大学二年级的一天，他做出了一个重大的人生选择——放弃此前一年多在法律系已经修完的学分，转入该校默默无闻的计算机系学习。那时计算机还属于新生事物，哥伦比亚大学的计算机系也只是刚刚创立，连三十个学生都不到，社会上也还没有所谓的“计算机专家”。他的选择使认识他的人感到很不理解，朋友们都劝他谨慎考虑，但他却认为：人生只有一次，不应该浪费在不感兴趣、没有成就感的领域，一

辈子从事一份没有激情的工作是非常可怕的。

从那以后，进入计算机领域的他如鱼得水，整个身心充满了激情。后来，他又进入卡内基·梅隆大学，继续攻读计算机方面的硕士及博士。他开发的“语音识别系统”获得了《美国商业周刊》评选的最重要发明奖。再后来，他加盟微软，创立了微软亚洲研究院，次年升任微软全球副总裁，是微软高层中职位最高的华人，他就是李开复。直到现在，李开复谈起大学时代的选择仍然感慨不已，如果不是那天的选择，他就不会在计算机领域取得如今的成就；如果不是那天的选择，他可能仍是美国小镇上一名既不成功也不快乐的律师。

美国著名投资家罗杰斯曾对自己的孩子这样说：“该怎么做才会成功呢？答案非常简单：做你热爱的事。我在投资方面会成功，因为那是我最喜欢做的事。但你不必非得成为一位投资家。假如你喜欢烧菜，就开一间自己的餐馆；假如你擅长跳舞，就去学跳舞；想成功最快的方法是做你喜欢做的事，然后全力以赴。”

假如选择一个你不关心或不热爱的工作，你就不可能有希望获得成功。假使你对自己的工作没有热情，它就只是工作。但是除了一个可以满足你的工作，你还需要有梦想。也许在一开始，你并不见得有一幅具体的图像或者对未来的想象，但只要持续保持热情，在真正热爱的工作上努力，你一定会找到你的梦想。

来自剑桥的情商秘密

剑桥大学在学生们完成课程和学分的同时，鼓励学生认识自己，根据兴趣和能力选择工作或深造的方向。因此，你要学会如何规划自己的人生，发现自己的兴趣所在。

1. 发现或搞清楚你的主要人生目标到底是什么。人生目标，应该是一个你终生所追求的固定的目标，你生活中其他的一切事情都围绕着它而存在。

2. 当你能够用一个简单的句子表达出你的人生目标了，那么你就该着手准备实现这项目标了。职业的选择就是你所要着重考虑的问题。你规划自己将来职业的重要性，就像将军筹划一场战役一样，也像一个足球教练确定一场重要比赛的作战方案一样。

3. 在弄明白了你的学习将会帮助你实现人生更大目标之后，你应该着手考虑你的人生规划中的具体细节。你需要有一个详细的个人学业发展计划。它至少应该能够回答如下问题：我要在未来一学期或三年内实现什么样的一些个人学习的具体目标？我要在未来一学期或三年内有什么样的一种学习方式？对于这些问题的回答将给你提供一份有关你自己的短期目标的清单。

4. 在形成了具体的短期目标后，你应该策划一下将如何去达成它们。

5. 行动。

剑桥考考你

▼

你经常会遵照自己的内心来做决定吗？你认为，做决定这件事很难吗？你经常听从别人的建议来做决定吗？

答：如果你真的想活出精彩的人生，那么请记住：当你面临人生的重大选择时，请拒绝做出违背内心的选择。有的时候，很多事情根本无法解释清楚，你要做的就是跟随你的内心，并祈祷自己做出的选择是正确的。选择需要勇气，选择也是一种能力，这种能力与独立有关。不敢做出选择的人，是害怕自己承担不起做出选择之后的后果，其实就是无法承担自我的责任。

/ 第 5 节 /

不要试图寻找标准答案，不设限的人生最精彩

剑桥箴言

我在剑桥得到唯一具有真正价值的思维习惯是智力上的真诚。

成功入读剑桥大学，是每一个优秀学生的梦想。但学习成绩并不是剑桥大学招收学生的唯一标准。和牛津大学一样，剑桥大学会给来参加面试的学生出一些闻所未闻的题目，如剑桥大学兽医系某一年的面试题目就是，“一头母牛身体里储存的水占世界水量的多大比例？”像这样千奇百怪的问题还有很多，比如剑桥大学医学系的题目——“为何我们的耳朵长在两边，而不干脆长在脸中央呢”“一个人怎样才算死亡”……在牛津大学也是如此，题目更是令人难以想象：牛津大学生化分子与细胞学系——“请解释烫发的原理”，牛津大学哲学政经系——“若有三个漂亮裸女站在你面前，你会选哪个？你的选择与经济学有关吗”……

上述这些考题大多引人深思，并且是开放式的，没有唯一的正确答案。题目之所以这样设计就是告诉我们，答案不是最重要的。剑桥更关注的是你通过这样的考题表现出来的综合素质，以及从中了解到你是不是他们想要的那种人。也就是说，一个所有成绩都是 A 的学生不一定能进剑桥，因为他们最想看到的是学生的思想是否独立，是否能通过自

己的逻辑思维与别人辩论，是否能主动质疑别人的观点，不断发出疑问。

其实很早以前，这种学风就已经贯穿整个剑桥大学。自 1890 年进入剑桥大学以后，像所有大学生一样，罗素对老师们的授课并不在乎，更看重同学间的脑力激荡。他的同学有著名经济学家桑格，哲学家麦克塔格特、穆尔，嗜书如命的鲍勃·特里维廉，著名的凯恩斯……罗素说同这位智力超一流的人辩论，自己像是一个冒着生命危险的傻瓜，但他迷醉于彼此间智力激荡的欢愉。罗素这种爱情一般的智力恋爱贯穿一生。罗素对剑桥价值是如此定义的：我在剑桥得到唯一具有真正价值的思维习惯是智力上的真诚。

你应该去掉心灵的镣铐，让思想和精神自由生长，这样会形成一种朝向未来的张力。思想上的独立性，意味着一个人要逐渐越来越少地依赖他人的思想，更多地依靠自己的能力和价值体系。自我定向，走自己的路，寻找自己的奋斗目标，独立面对自己所遇到的各种问题。同时，思想上的独立，并不意味着与他人隔离，只有自己的个人圈子里思索。恰恰相反，思想上的独立，要求常与有新思想、新观点和有健康的人格者互相接触切磋，不断接受新经验的影响，逐步修正完善自己的思想体系，这样才能保持思想上的活跃与独立。只有思想上独立，你才会加强领悟能力和判断能力，而这些是你走上社会最该具备的能力。

来自剑桥的情商秘密

教科书里的东西并不是金科玉律，更不是万古不变的真理，不要认为引用教科书的公式就没有问题。为此，你需要做到以下几点：

1. 不要做眼里只有分数没有世界的人。人的一生并不是所有的问题都有标准答案，不要试图寻找标准答案，保持思想的独立，你便会拥有自己的思想、自己的判断力、是非分辨能力、拥有自己的价值体系，这个价值体系可以推动国家、民族、家庭、个人进步的价值体系，你才能真正成长起来。

2. 不要相信权威。你应该去学会探索、学会思考、学会辩论、学会讨论，不要迷信专家也不要迷信权威，因为他们的观点可能是僵化和错误的。要相信自己的判断力，但要放宽心胸，放松大脑，从标准答案走向独立思考。

3. 要抛弃外在，关注内心。一个人永远要跟自己比，你自己每天跟自己比，发现自己每天都在进步，你这辈子将会走出连你自己都惊讶的道路来，你会走到你自己都会惊讶的地方去。

4. 丰富与完善自己的知识，必须养成读书的好习惯。要读天下之书，读各种各样能够开启你的智慧、启发你的理想、燃烧你的激情的书。

5. 广交朋友。通过交友，你知道什么样的人可以成为你的朋友，什么样的人可以和你一起在未来共创事业，你做事业的成功就是你对于人的分辨能力的成功。

6. 学会自我总结。你必须自己去总结、去领悟，你才能够把所有学到的东西用在你的人生道路上。

剑桥考考你

▼

你能回答以下的面试题吗？

1. 为何那么少美国人相信进化论？（牛津大学人类科学系）

2. 对人类来说，什么是正常的？（剑桥大学心理学系）

3. 你够酷吗？（牛津大学哲学政经系）

第十一堂课

人文情怀

让自己成长为内心幸福、永无绝境的人

/ 第 1 节 /

能帮助别人，证明你是强者

剑桥箴言

世界上能为别人减轻负担的，都绝不是庸庸碌碌的人。

人在得到的时候，总是很快乐，其实快乐的源泉在于“给予”——帮助别人，关注别人，与别人分享希望，分享经历。

约翰·邓恩是英国著名的诗人，在他十几岁的时候，他和邻居家的孩子彼得·威尔士是同班同学，他们年纪相仿，家境也差不多，但是两个人的性格和为人处世的方式，甚至是身体发育的状况都有着很大的不同。对于这种差异，约翰·邓恩将它归结于自己的母亲和彼得·威尔士的母亲在教育方式上的不同。约翰·邓恩认为，自己的母亲在他出世前就喜欢看各种书籍，对其中一些教育方法照单全收，并举一反三融会到实际生活当中去。比如，她从小就让约翰自己吃饭，摔跤了自己爬起来；当约翰面临与别的孩子交往时，她总是怂恿和支持约翰去帮助别人。她总是向约翰强调：“能帮助别人，证明你是强者。”

约翰直到老年时还清楚地记得当时母亲对他说的话：能帮别人取下挂在树上的被风吹走的衣服，证明你比别人跳得高；能帮别人把货物搬到楼上，证明你比别人有力气；能把糖果分给别人，证明你拥有的糖果比别人多……

这个简单的道理，被约翰熟记于心，并从小就处处助人为乐，遇事总会不由自主身体力行地去施行，久而久之，变得既大方，又自信，人缘极好，很招大伙的喜爱。而他的小伙伴彼得·威尔士的母亲却不是这样。她最关心的总是彼得自己穿得暖不暖、吃得好不好。遇事总让他躲一边，以免招惹到不必要的麻烦。而且，在她的理念中，帮助别人本身，就是一种麻烦——帮别人做事，是让别人捡了便宜；而与别人分享东西，压根就是一种损失，是极其傻的事情。

渐渐地，彼得成为受别人帮助的对象，乐享着约翰·邓恩对他的照顾，而他自己，在这种单向的帮助中，逐渐将自己定位成一个弱者，一个需要别人帮助，也需要自己过度保护自己的人。渐渐地，这种感觉使他变得拘谨、小气、自私，久而久之，变成一个连母亲都要防范的人。

而最终，约翰·邓恩成为一个博学的诗人，一度成为伊丽莎白宫廷中的秘书，而彼得则在碌碌无为中度过了一生。

一个人能成功并不是他从别人那里获取了很多，但绝对有很多人愿意支持他，这样的人永远不会陷入绝境。成功的人都是主动付出的人，领导者都是先服务别人的人。然而一般人都等待别人先付出，都希望别人先服务他。只想获取，不愿先付出，人们会远离你，成功也会远离你。

来自剑桥的情商秘密

帮助别人要讲求规则：

1. 不要期待对方的回报。不管帮助的结果如何，都不要过于看重对方的回报。即使结果是满意的，也要想想对方自身的条件和所做的；如果结果不在预想之内，则需要主动承担一些责任，化解对方的情绪。

2. 引导对方降低对成功的预期。如果能够让对方知道，自己的力量有限，可能离真正的预期还有一段距离，对方就不会抱有过高的成功预期。即使最后没有成功，也不会过于难堪。

3. 提供别人真正需要的帮助。通常情况下，需要什么样的帮助只有本人知道，过于主动地提供帮助可能会出现误解。

接受别人帮助，要注意方法：

1. 学会区分帮助的性质。要学会选择性地接受帮助，不要让助人者牵着自己走。对那些虽然冠以“帮忙”之名，实则另有企图者，也要敢于拒绝。

2. 接纳别人的好意。当接受别人帮助时，不要过多关注最后的结果。因为结果无法预期，所以不能期望别人帮忙就一定要办成，只要用心了就应该表示感谢。

3. 要宽容对方的错误。当别人由于种种原因“帮了倒忙”时，不要把自己的情绪向对方宣泄，从自己身上想想原因，就能让自己宽容很多。

剑桥考考你

▼

你开着一辆车，在一个暴风雨的晚上，你经过一个车站。

有三个人在等公交车，一个是病危的老人，需要进大医院救治；一个是医生，曾经救过你的生命；另一个是你最爱的明星。

如果你的车里只能坐一个人，你会如何选择？

答案：这是一道测试爱心的题目，曾被某国际大企业用于招聘，在200个应征者中，只有一个人被雇用了。他没有解释他的理由，只是说了这样一句话：“给医生车钥匙，让他带着老人去医院，而我留下来，陪着我最爱的明星等公交。”可见，主动去帮助他人，有所放弃，我们可能会得到更多。

/ 第 2 节 /

同情别人的痛苦，自己也会内心丰富

剑桥箴言

“戏谑”和“同情”是一对善良的忠告者。前者含着微笑使人生可爱，而后者噙着泪水使人生神圣。

如果一个人没有了同情心，他的生命就会像他的心一样冰冷，没有生气，没有温暖。人人都喜欢和有着温和气质的人来往。一个富有同情心的人往往感情细腻，充满了温情和博爱的精神。同情心是对他人的苦难、艰辛和无助的感受能力。

在暴风雨后的一个早晨，一个男人来到海边散步。他一边沿海边走着，一边注意到，在沙滩的浅水洼里，有许多被昨夜的暴风雨卷上岸来的小鱼。它们被困在浅水洼里，回不了大海了，虽然近在咫尺。被困的小鱼，也许有几百条，甚至几千条。用不了多久，浅水洼里的水就会被沙粒吸干，被太阳蒸干，这些小鱼都会干死。

男人继续朝前走着。他忽然看见前面有一个小男孩，走得很慢，而且不停地在每一个水洼旁弯下腰去——他在捡起水洼里的小鱼，并且用力把它们扔回大海。这个男人停下来，注视着这个小男孩，看他拯救着小鱼们的生命。

终于，这个男人忍不住走过去问：“孩子，这水洼里有几百几千条小鱼，你救不过来的。”

“我知道。”小男孩头也不抬地回答。

“哦？那你为什么还扔？谁在乎呢？”

“这条小鱼在乎！”男孩儿一边回答，一边拾起一条鱼扔进大海。“这条在乎，这条也在乎，还有这一条、这一条、这一条……”

哪怕只有一个人是在乎的，哪怕只能帮助一个人一天，我们的同情心就有意义。

一个富有同情心的人往往善良、宽容和慷慨。路边的乞丐，迷途的孩子，误入歧途的少年，一时糊涂犯错的人都将得到来自富有同情心者的宽容和谅解。所有的困难都将得到及时的帮助，所有的迷茫都会得到引导，所有的错误都将得到矫正，所有的失误都将得到弥补，所有的邪恶都将被战胜。顽固的心灵将进一步被融化，美德会被同情者撒播，更多的人将受到善良，宽容和慷慨的教化。如果每个人都拥有同情心这样仁慈的美德，世间该变得多么美好呢？

来自剑桥的情商秘密

同情心是一种积极的、温暖的力量，若表达不当，恐怕也会取得适得其反的效果。表达同情心，你可以这样做：

1. 真诚。不管是因为什么，只要你怀着一颗真诚的心去帮助别人，哪怕只是说一句安慰的话，或者轻轻地拍拍他的肩膀，那就是最好的同情了。

2. 平等的心。同情别人不能用居高临下的态度，也不能指使别人做什么。必须是用一颗平等的心，去接纳、宽慰别人的遭遇。

3. 换位思考。要设身处地地替对方思考，而不是仅仅为了表现自己慷慨、大方。自以为是地表现同情，会让人觉得你很讨厌。

4. 注意场合和尺度。表现你对对方遭遇的同情时，要区分场合，注意保护别人的隐私，照顾别人的情绪。

剑桥考考你

▼

金鱼缸里面只有一只金鱼，现在需要在金鱼缸里面加入一些东西，你觉得再放进去什么东西比较好呢？请在如下答案中选择。

A. 再放入一条金鱼　B. 放入空气泵　C. 放个旋转的小水车　D. 放入海螺等贝壳

测试说明：

选 A 的，你的同情心指数为 70%。你是个很注重感情的人，也很有责任感。但是你有些时候考虑问题很犹豫，总是想怎么办最好呢，这样也没有关系吗？这会让你错过很多机会，你要注意一下。

选 B 的，你的同情心指数为 95%。平时就考虑周全的你如果看到有困难的人，是会毫不犹豫地去帮忙的。而且你不会计较回报，所以你是个被很多人信赖的人。但是要注意不要被别人利用。

选 C 的，你的同情心指数为 15%。你平常总是忙于自己的事情，很少有时间去为别人考虑。有些时候你在无意当中会给别人增添麻烦，所以你要学会尽量考虑一下大家的心情。

选 D 的，你的同情心指数为 45%。坚硬的贝壳类说明你是个比较笨拙的人。遇到有困难的人你会觉得很麻烦，问自己怎么办好呢？想帮忙又很迟疑，就这样浪费时间。你应该果断一些，走过去询问一下，有什么需要帮忙的吗？

/ 第 3 节 /

不能宽恕他人，就是拆掉自己要过的桥

剑桥箴言

紫罗兰把它的香气留在那踩扁了它的脚心上，这就是宽恕。

不宽恕的心灵充满了恐惧，使爱没有立足之地，没有地方供它展翅。不宽恕的心是悲哀的，没有休养生息的机会，也没有解脱痛苦的希望。不宽恕的心在困难中受尽苦楚，在黑暗中张望，什么都看不见，却很肯定那儿危机四伏。

一个年轻人在他 23 岁时由于被人陷害，在牢房里待了 9 年，后来冤案告破，他终于走出了监狱。出狱后，他开始了常年如一日的反复控诉，咒骂。

73 岁那年，在贫病交加中，他终于卧床不起。弥留之际，牧师来到他的床前：“可怜的孩子，去天堂之前，快忏悔你在人世间的一切罪恶吧……”

牧师的话音刚落，病床上的他声嘶力竭地叫喊起来：“我没有什么需要忏悔，我需要的是诅咒，诅咒那些给予我不幸的人。”

牧师问：“你因受冤枉在监狱里待了多少年？离开监狱后又生活了多少年？”

他恶狠狠地将数字告诉了牧师。

牧师长叹一口气:“可怜的人,你真是世上最不幸的人！对你的不幸，我真的感到万分同情和悲痛！他人囚禁了你区区 9 年，而当你走出监狱本应获取永久的自由的时候，你却用心底的仇恨、抱怨、诅咒囚禁了自己整整 41 年！”

用别人的错误来惩罚自己，非但不能减轻痛苦，甚至会使自己陷入痛苦的深渊而不能自拔。人生在世不可避免地会犯错误，我们何不宽容一些,原谅别人,不仅使别人得到解脱,自己也可以摆脱心中的“魔鬼”。

海明威在他的短篇故事《世界之都》里，描写过一对住在西班牙的父子。经过一连串的事情后，他们的关系变得异常紧张。男孩选择离家而去。父亲心急如焚地寻找他。

遍寻不着之际，父亲在马德里的报纸上刊登寻人启事。儿子名叫帕科，在西班牙是个很普通的名字。寻人启事上写着：“亲爱的帕科，爸爸明天在马德里日报社前等你。一切既往不咎。我爱你。”

海明威接着给读者展示了一幅惊人的景象：隔天中午，报社门口来了八百多个等待宽恕的“帕科”。可见,其实每个人都是希望被宽恕的,不管曾经做错过什么。

世上有无数的人在等待别人的宽恕。宽恕的受益人不只是被宽恕者,还有那些宽恕他们的人。宽恕是一座让我们远离痛苦、心碎、绝望、愤怒和伤害的桥。在桥的那一端，平静、喜悦、祥和正等着迎接我们。不懂得宽恕他人，无异于拆掉了这条自己要过的桥。

来自剑桥的情商秘密

宽恕别人并非游戏胜利者的姿态，也不是电视剧中的大团圆结局，真正的宽恕会让你得到情绪的释放和精神上的持久快乐。你宽恕别人越多，收获得就越多，它会有助你改变对自己和对他人的看法，改善人际关系。学会宽恕有助于缓解焦虑和抑郁，可以说，宽恕了别人，其实也就是治愈了自己。

宽恕建议按照以下六个步骤进行：

第一步，弥补那些你伤害过的人，获得自我宽恕。

第二步，挑出那些严重困扰你的人或事情，仔细审视你们的关系。

第三步，在脑海中形成你想要宽恕的图像——你自己、另一个人或者过去的场景，然后说，"我把你从我的悲伤、反对和谴责之中解放出来"，此时意识要非常地集中。

第四步，想象你的生活中不再有任何困扰你的悲伤和委屈，你的内心得到了彻底宽恕后的安详。

第五步，耐心一点，宽恕会随着时间的推移逐渐治愈你的心灵。

第六步，宽恕了自己和别人的过去之后，要对身边的人事物有更多的觉知力和宽容心。

剑桥考考你

▼

你是一个宽容的人吗？你想了解自己的宽容心到了一个什么样的程度吗？你想成为一个受欢迎的人吗？请对下列问题做出"是"或"否"的选择：

1. 有很多人总是故意跟我过不去。

2. 碰到熟人，但当我向他打招呼而他视若无睹时，最令我难堪。

3. 我讨厌和整天沉默寡言的人一起生活、工作。

4. 有的人哗众取宠，说些浅薄无聊的笑话，居然能博得很多人的喝彩。

5. 生活中充满庸俗趣味的人比比皆是。

6. 和目中无人的人一起共事真是一种痛苦。

7. 有很多人自己不怎么样，却总是喜欢嘲讽他人。

8. 我不理解为什么自以为是的人总能得到领导的重用。

9. 有的人笨头笨脑，反应迟钝，真让人窝火。

10. 我不能忍受上课时老师为迁就差生而把讲课速度放慢。

11. 有不少人明明方法不对，还非要别人按着他的意见行事。

12. 和事事争强好胜的人待在一起使我感到紧张。

13. 我不喜欢独断专行的领导者。

14. 有的人整天牢骚满腹，而我觉得这种处境全是他们自己造成的。

15. 和怨天尤人的人打交道，使自己的生活也变得灰暗。

16. 有不少人总喜欢对别人的工作百般挑剔，而不顾及别人的情绪。

17. 当我辛苦做完一个工作，却得不到别人的认可和赞赏时，我会大发雷霆。

18. 有些蛮横无理的人常常事事畅通无阻，这真令我看不惯。

测试说明：

每题答“是”计 1 分，答“否”计 0 分。各题得分相加，统计总分。

13—18 分。说明你需要在生活中加强自己的灵活性，培养宽容精神；

7—12 分。表明你具有常人的心态，尽管时时碰到难相处的人，有时也会被他们的态度所激怒，但总的来说尚能忍受；

0—6 分。说明外界的纷繁复杂很难左右你平和的心态。

/ 第 4 节 /

孝心让自己获得独一无二的幸福感

剑桥箴言

父母的一生能不能够完美，归结于孩子够不够孝顺。有的儿女使父母感到此生不虚，有的儿女为父母留下了终身遗憾。

最高的不是山峰，而是爸爸的背影；最远的不是天边，而是妈妈的等待；最深的不是沟壑，而是爸爸的皱纹；最广的不是大海，而是妈妈的关爱；最美的不是彩虹，而是爸爸的叮咛；最暖的不是阳光，而是妈妈的怀抱。当他们含辛茹苦地将我们养育长大，孝敬他们无疑是理所当然的事情，更是一件让人无比幸福的事情。

弗莱迪·海默是英国著名的童星，也是剑桥大学伊曼纽尔学院的学生。这位极具表演天赋的少年在十几岁时就有了不俗的成绩，连夺数十项荣誉奖项。每当人们问及他成功的秘诀时，他总是会将功劳归结于自己的父母。他说道："爸爸是个演员，我遗传了他在表演上的优良传统，而妈妈是个极具魅力的经纪人，她教会我了尊重。"

小海默在很小时就聪明无比，一天，他突然想出一个主意：开一张账单给母亲，索要他帮助母亲做事的报酬。母亲欠儿子的款项包括有：取生活用品，20 美分；把信件送往邮局，10 美分；在花园帮助大人干活，

20 美分；他是一个一直很听话的孩子，10 美分；共计 60 美分。

晚上，小海默在餐桌旁找到了他索要的 60 美分，如愿以偿了，在准备把钱放进口袋时，他发现餐盘旁边还有一份账单。

上面写着“宝贝海默欠母亲的款项”：在妈妈家过了 10 年幸福的生活，0 美分；他 10 年中的吃喝，0 美分；他生病中的护理，0 美分；他一直有个慈祥的母亲，0 美分；共计 0 美分。

小海默读着读着感到万分羞愧！过了一会儿，他怀着一颗怦怦直跳的心蹑手蹑脚地走近母亲，将小脸蛋藏在了母亲的怀里，小心翼翼地把那 60 美分放进了母亲的口袋。

海默的母亲以一种无比智慧的模式教会了他感恩之心。其实，对于多数人而言，这种感恩更准确地说，是孝顺。

孝是全人类的美德，如果一个人连父母都不孝敬，怎么去爱别人？孝敬父母不仅是心中要有父母，还要了解、亲近父母，更要关心、体贴并尊重父母。只有把心中的爱化作实际行动，才算得上是真正的孝敬。

来自剑桥的情商秘密

年轻的你如何孝敬父母呢，你可以这样做：

1. 懂得感恩，对父母怀有感激之情，要怀着感恩的心。

2. 关心人，体贴人。父母不是超人，也会需要孩子的关心和体贴，哪怕只是一件很小的事情，他们都会感觉心满意足。

3. 理解父母，体谅人。从父母的立场出发，考虑父母也会遇到困难，体谅父母的难处。

4. 分担责任，一家人风雨同舟。我们应该懂得，家是父母和我们共同的家，保护这个家，让它更安全、更温馨，是每个家庭成员的共同责任。

剑桥考考你

▼

完成下面的小测试，看看你的孝心有多少：

1. 你是否知道父母的年龄？
2. 你是否知道父母的生日是哪天？
3. 你是否知道父母衣鞋尺码？
4. 你是否知道父母有哪些兴趣爱好？
5. 你是否知道父母喜欢吃什么？
6. 你是否知道父母喜欢看什么类型的电影、电视剧？
7. 你是否了解父母的身体状况？
8. 父母如患病，是否知道他们吃什么药？
9. 你是否知道父母对什么东西过敏？
10. 你是否想过父母为你付出过多少？
11. 父母生病，你是否主动照顾过父母？
12. 你是否常陪父母散步？
13. 你是否认真回复父母的短信、电话？
14. 你是否了解父母的烦恼？
15. 你是否帮父母实现过心愿？

测试说明：

每题答“是”得 1 分，答“否”得 0 分。各题得分相加，统计总分。

11—15 分。说明你在生活中是个很有孝心的人，继续保持；

7—10 分。表明你在生活中有一定的孝心，还有待加强；

0—6 分。说明你很少关心父母，是个很没有孝心的人。

/ 第 5 节 /

慷慨的人比吝啬的人更容易获得成功

剑桥箴言

慷慨不是你把“我比你更需要”的东西给我，而是把“你比我更需要”的东西给了我。

一个吝啬的人，被世界疏远，被他人冷落，被社会漠视，不是谁想丢下他，而是他自己丢了自己。一个温暖的世界，喜欢善良厚道，喜欢有情有义，喜欢爱与被爱。

剑桥大学有着一种“土生土长”的慷慨精神，这种慷慨精神不仅是滋生了慷慨的剑桥小镇，也滋润了每一个从剑桥大学走出去的人。

剑桥小镇虽然只有 10 来万人口，其公益组织却可以说是密密麻麻。有帮助病人的，有致力扶贫的，有保护流浪猫的，有帮助问题青少年的，有援助精神病人的……值得一提的还有很多卖便宜货的旧货铺，它们都是慈善组织的筹款渠道之一。

可以说，剑桥小镇的这种慈善制度正激发着人性中最善良美好的一面，它敲开了最好的可能……这份慷慨的情怀与剑桥学子们取得的一项项成就是密不可分的。

其实在很多时候，慷慨和吝啬不是通过体现在金钱的数量上，而是体现在态度上。

迈克是纽约一家小报的普通记者。一个周末，他在一家不大的酒店里看见几位身份显赫的企业家从一个房间里走出，其中一位正是福特。福特手里拿着一张菜单走向那位服务生，微笑道：“小伙子，你看看是不是有一点儿误差。”

服务生很自信地回答：“没有啊。”

“你再仔细算一算。”福特宴请的几位企业家已朝门口走去，他却很有耐心地站在柜台前。

看着福特认真的样子，服务生不以为意道：“是的，因为零钱准备得很少，我多收了您 50 美分，但我认为像您这样富有的人是肯定不会在意的。”

“恰恰相反，我非常在意。”福特坚决地纠正道。

服务生只得花一番工夫凑够了 50 美分，递到一脸坦然的福特手中。

看着福特快步离去的背影，年轻的服务生低声嘀咕：“真是小气，连 50 美分也这么看重。”

“不，小伙子，你说错了。他绝对是一个慷慨的人。”目睹了刚才那幕情景的迈克，抑制不住地站起来，“他刚刚向慈善机构一次捐出 5000 万美元的善款。”迈克拿出一张两周前的报纸，将上面的一则报道指给服务生看。

服务生不明白如此大方的福特，为何还要当着那么多朋友的面，去计较那区区的 50 美分。

“他懂得认真地对待属于自己的每一分钱，懂得取回属于自己的 50 美分和慷慨捐赠出 5000 万美元，是同样值得尊重的。”

真正慷慨的人懂得正确的方式去慷慨，并且总是能够比吝啬的人，以及那些斤斤计较的人更容易获得成功。

这个世界，即便你什么也不拿出来，也没人刁难你。只是，你会发现，走到最后，自己会刁难了自己：说着说着，就会少了回应的话语；走着走着，就会少了携手同行的人；活着活着，就会多了孤单寂寞的日子。

来自剑桥的情商秘密

人一自私，就容易吝啬。人一贪婪，也容易吝啬。所以，吝啬的人，自己一毛不拔，却时时不忘雁过拔毛。如何做一个慷慨的人，你可以这样做：

1. 给自己找一个公认是慷慨大方的榜样。

2. 了解他人的需求，而不是仅仅顾着自己的要求。

3. 告诉自己分享是快乐的，多数情况下也是一时的，别人终究会把从你这分享的东西还回来。

4. 记录下自己自私、吝啬小气的瞬间，或者向周围的朋友询问自己吝啬时的表现，寻找吝啬的原因，并引以为戒。

5. 记录下自己慷慨、大方的事情，并且偶尔回味慷慨的快乐，以及因此而给自己的人际关系带来的改观。

剑桥考考你

▼

做做下面的小测试，看看你到底算不算是一个慷慨的人。

1. 你不是个喜欢动物的人，如果你会养宠物，只能是因为：

A. 那是别人送给你的礼物　B. 看到它可以让你放松心情

C. 你的小侄女在地上打滚耍赖，你实在拗不过

2. 一位好久不见的朋友突然出现并向你借钱：

A. 你连眉头都不皱一下就答应下来

B. 你露出不悦的表情并问她借钱的原因

C. 你毫不犹豫地拒绝了她

3. 当你送别人礼物时，会期待怎样的回报：

A. 什么都不要　B. 只需要一个微笑　C. 一声“谢谢”及更多的关注

4. 你最近听到的一句略带指责的话是：

A. 你一点都不懂得照顾自己　B. 你在朋友身上花的时间太少了

C. 你好像从来不提你自己的事

5. 如果大街上的一位陌生人突然送你一束花，你会：

A. 欣然接受，然后请他喝咖啡作为回报

B. 告诉他你对花粉过敏，所以不能接受

C. 觉得局促不安，并拒绝了他

测试说明：

如果你的答案中A最多。你是个不求回报的慷慨之人，从来不去衡量利弊得失。不过，不是每种慷慨都能给别人带来帮助的。假如你借钱给一个赌徒，只能把他们推向更深的痛苦。所以在慷慨这件事上，还是应该把握起码的原则。

如果你的答案中B最多。你是个有礼有节的平等之人，你有着根深蒂固的平等意识，什么事对你来说都应该是有来有往的。但是在别人需要帮助的时候，你也会贡献自己的爱心，这种天生在予取之间有着良好平衡感的人，有时也难免给人自我与冷傲的印象。

如果你的答案中C最多。你是个害怕付出的谨慎之人，其实，你并不吝啬。相反，你可以做出很慷慨的举动。只不过在你看来，慷慨是一件十分严肃而且绝对必须考虑后果的事，一定要谨慎行事。可是也正因为这样，你会错过与别人交流感情的好机会。

/ 第 6 节 /

正义可能偶尔会迟到，但从来都不会缺席

剑桥箴言

聪明的人是盲人，没见到自己的无知；正义的人是盲人，没有看到骗子。

正义是苦难者的希望，是犯罪者的畏惧之所在。与正义为友的人，在哪里都是安全的。培根曾说：“就是因为有了正义感，人才成为人，而不是恶狼。”正是因为人类怀有正义，所以邪恶才有了墓地，不公才有了裁决。

这是一个真实的故事，一只渔船在风暴中沉没，船上幸存的四个水手转移到救生筏上，漂流在茫茫无际的南大西洋中。

前三天，他们靠仅有一点食物维持生命。第四天，他们幸运地捕获一只海龟，又生存了数日。然后，连续八天，他们粒米未进，仅靠偶尔飘落的雨水及自己的尿液补充水分。

这四人中三人是老水手，另外一人是一位少年，只有 17 岁，第一次出海；出海前，这位少年人曾说，希望这次航海经历能够让他自己成长为一个真正的男子汉。然而，由于实在是饥渴难耐，这位年轻的水手饮下了海水。此时，他已经奄奄一息。

这天，他们已经在海上漂流了19天。船长提议大家抽签，中签者自杀供其余三人食用以维持生命。

船长说，现在只有杀死这位少年以救大家，理由有二：一是反正他马上就死了；二是他父母双亡，未婚，虽然还有一个哥哥，也可算是无牵挂。于是，在得到另外一位水手的首肯下，船长在祈祷之后，动手杀死了这位少年。余下三日，三人靠少年的尸体为食。第四天，也就是在他们漂流了整整24天之后，他们终于被一艘路过的德国船只救起。

德国船员一看充气筏上残存的尸体，就知道活着的三人在过去几天以何为食，而这三位船员不待对方问起，便主动说起过去24天发生的一切，德国船员仍然礼遇三位幸存者。

回到家乡后，他们也不曾有任何隐瞒。船长甚至主动展示了杀害少年的凶器，并公开表示要将这把刀保留终生以为纪念。他们万万不曾想到的是，等待他们的，是一场审判，以及随之而来的一场全民大辩论。

在船长等三人去法庭的路上，沿途父老脱帽致敬。法庭上，众目睽睽之下，那位死去少年的兄长，公开原谅了船长，并与船长握手。船长则声称一切由他个人负责。而那位反对抽签的水手则与检方达成协议，愿出庭为检方做证。

这是人类文明史上一个里程碑式的审判。这是1884年，英国。

如果你是法官，你如何判决呢？

当时那位伟大的大法官从人性的角度出发，裁定船长“因不可避免的危急状态”而被裁定为“6个月的监禁”。心有余悸的船长在后来说道：“我们当时以为我们都将死去，被德国船员解救之后，我也以为我会被判处死刑，但是现在，我被正义谅解了。”在人们的心目中，他确实是正义的。

正义会以它独特的视角去鼓舞人们，也会用它的胸怀去理解人们。

行侠仗义、打抱不平是古今中外人们视为最有正义感的表现。它是人们推崇的一种英雄气概，是一种高尚的情操和优良的品德，体现了人们崇尚正义、追求公平的美好愿望。中国自古就倡导“路见不平，拔刀相助”的侠义行为。有很多人舍生取义，付出了宝贵的生命。

但有正义感不仅仅体现在行侠仗义、打抱不平，敢和坏人坏事做斗争方面，更多的是体现在人的一言一行中，体现在社会生活的方方面面和大大小小事情上。遵纪守法、尊老爱幼、文明礼貌、救死扶伤、扶贫济困、抢险救灾等行为都是有正义感的表现。

中国有句老话说：“人为恶，祸虽未至，福已远离；人为善，福虽未至，祸已远离。”正义感是从内心产生的，是一个人做人的根本。有正义感的人始终被好运眷顾，而做坏事的终将得到惩罚，因为“正义可能会偶尔迟到，但是从不会缺席”。

来自剑桥的情商秘密

一个人的正义感是受环境影响的，正义感是可以练出来的。如何更有正义感呢，你该这样做：

1. 为人正直。为人正直是做人最基本的品德，是有正义感的基础。

2. 要把尊重和遵守制度、规则和程序，当作是自己行为的习惯。要从小树立以自觉遵守各项社会制度和规则为荣的意识，养成自觉遵守各项社会制度和规则的良好习惯，以实际行动维护正义。

3. 要不伤害他人、不侵犯他人的基本权利，这是正义最起码的要求，故意伤害他人身体乃至生命是最严重的非正义行为。在一个法律社会里，每个人都负有不伤害他人人身的义务，每个人都具有基于正义的不可侵犯的基本权利。

4. 培养法律意识，增强权利概念。对于不公平的事情，要有一定的法律概念，要懂得运用法律武器去维持正义。

剑桥考考你

▼

你是一个有正义感的人吗？你可以尝试完成这个测试：

1. 你认为设立监狱的目的是什么？

A. 惩罚犯人　B. 保护公众　C. 感化教育

2. 你认为犯重罪而被判终身监禁的就应该待在监狱里度过余生吗？

A. 是的　B. 是的，除非有特殊情况

C. 不一定，每个罪犯都有醒悟的时候

3. 如果你有权力，你会将某人送进监狱吗？

A. 是的　B. 可能，但我会觉得不舒服　C. 不会

4. 你在辩论中支持处下风者吗？

A. 很少，因为处下风者往往错误

B. 偶尔，如果处下风者是我喜欢或崇拜的人

C. 我经常支持处下风者

测试说明：

选择 A 较多的人，说明你是一个很有正义感的人，是一个理智的人；

选择 B 较多的人，说明你的在理智和感性之间找到了平衡；

选择 C 较多的人，说明你是个偏感性的人，正义感往往停留在想法上。

/第十二堂课/

贵族品行

品格与修养决定成败

/ 第 1 节 /

人格
才是最高的学位

剑桥箴言

少量的好品行抵得上一大堆学问。

关于“贵族品行”，各界众说纷纭，不过，欧洲的骑士传统和绅士教育给“贵族品行”提供了很好的视角，其重要标准就是良好的道德素养和强烈的担当精神。距今已经 800 多年的剑桥大学是世界顶尖的高等学府，环视全球，几乎在每一个领域的巅峰，都能看到剑桥人的身影。他们虽然大多矜持傲慢，但彬彬有礼，尊重妇女，经常施舍，支持公益活动，是公认的社会道德与成功的楷模。可以说，剑桥就是当今英国“贵族品行”的代名词。

贵族并不是随心所欲和奢侈享受的代名词，也绝不是指暴发户，它指一个有责任感、荣誉感和进取心，同时具有独立于牺牲精神的精英阶层。它并不与平民精神对立，更不意味着养尊处优、悠闲奢华的生活方式，而是一种以荣誉、责任、勇气，自律等一系列价值为核心的先锋精神。《牛津现代高级英汉双解词典》对贵族的解释是：nobleman，指出身高贵的人，而 noble 一词本义是高贵、高尚、伟大。西方人认为，贵族代表一种尊严，代表一种高超的品行。

在剑桥，你能深深地体会到：知识固然重要，但是品质与修养更为可贵。因为知识可以随着你们的成长而丰富，品质与修养却不会，它们一旦成形，就奠定了你一生命运的基调。换句话说，你有怎样的品质与修养，便会有怎样的成就。剑桥大学明智地看到了这一点，所以，从建校那一天起，它就不是一台专门传授知识的机器，而是一所致力于培养绅士淑女的学校。这里的每一座建筑，每一块草坪，每一次晚宴，都弥漫着浓郁的贵族气息。

英国著名诗人、评论家马修·阿诺德就曾说："让每个人变成一个更好的自己。"他希望每一个受过教育的人都应具备感受美的能力，聪明智慧，富有活力。读书求知，这个自我提升的过程也许并不依赖于外部环境，不在于你在哪里读大学，而在于这种智识生活的愿望是否能长久存在于你的内心。

来自剑桥的情商秘密

作为世界顶尖的大学，剑桥大学将这种英国贵族所特有的品行一直延伸到校园的各个角落。在这里，你会认识到，贵族品行就是一种公益精神和明智的人生哲学。关于贵族品行，你应该知道：

1. 学会自立。在爱你的人都不在身边的时候，使你能善待自己。

2. 你一定要上大学。这与学历无关，人生中需要经历这几年，无拘无束又能染上书香的生活，因为你一旦走进社会，就意味进入了市场。

3. 阅读书籍。借助知识拓展自己的视野。

4. 如果世界上仅剩两碗水，一碗用来喝，一碗要用来洗干净你的脸和内衣裤。记住，自尊与贫富无关。

5. 天塌下来都不要哭，也不要抱怨。那样只能让爱你的人更心痛，恨你的人更得意。你要学会平静地承受命运，爱你的人自会关心你。

6. 即使粗茶淡饭，也要铺上干净的餐巾，优雅地坐着。把简陋的生活过得讲究，因为风度与境遇无关。

7. 去远方的时候，除了相机，记得带上纸笔，记下你的心情。风景是相同的，看风景的心情永不重复。

8. 小的时候要有见识，长大的时候要有经历，你才会有个精致的人生，读别人的经历，找自己的人生。

9. 无论什么时候，都要做一个善良的人。请记住，拥有善良，会让你成为最受上天眷顾的人，这种眷顾未必是财富与权势。善有善报，所报者，爱也。

10. 永远保持笑容、优雅和自信，这是最大的精神财富，拥有了它们，你就拥有了全部。

剑桥考考你

▼

你心目中的贵族品行还包括哪些？请一一列举。

/ 第 2 节 /

不为名誉而生，要为荣誉而活

剑桥箴言

应当把荣誉当作你最高的人格的标志。

荣誉不是名誉，更不是“虚荣”。名誉是外加的，荣誉却是内在的。名誉是外界的称许，荣誉则是内部发出来的光辉与外界所加上的名誉相合而成的。所以荣誉具有内心的价值，较名誉还要可贵。

毕业于英国剑桥大学的生物学家弗兰西斯·克里克对此深有体会，这位科学家获得诺贝尔奖成名之后，记者纷纷来访，请柬像雪片似的飞来，弄得他简直没法从事研究工作。为了摆脱这种困境，他设计印刷了一种特殊的复信。信上这样写道：“克里克博士对来函表示感谢，但十分遗憾，他不能应您的盛情邀请而给您签名、赴宴演讲、参加会议、赠送相片、充当证人、担任主席、为您治病、为您的事业出力、充当编辑、接受采访、阅读文稿、接受名誉地位……”对方的来信提什么要求，克里克就在相应的地方做个记号。后来，这复信被人们称为“万能的复信”。

英国物理学家法拉第，建树卓绝，蜚声科坛，荣誉接踵而至。他一生中得到 90 多个荣誉头衔，奖章、勋章不计其数。可是他把奖章藏起来，从来不愿意佩戴。获得荣誉时，他从不喜形于色。他说：“我不能说这些荣誉不珍贵，不过我从来不是为了追求这些荣誉而工作。”

那么，荣誉到底是什么？荣誉既不是名誉，又不是虚荣，更不是野心或荣宠。教育家罗家伦给荣誉下了这样的定义：第一，必须能维持生命的庄严；第二，必须能有所不为。有荣誉心的人，对于标准以下的事，是绝对不干的；第三，必须是自足的，也是求之于己的。外界的称许，如系实至名归，也在所不辞；第四必须自尊而能尊人，真正有荣誉感的人，不但爱自己的荣誉，而且也爱他人的荣誉。也就是说，荣誉就是人格，是人格最光荣的完成。

为荣誉而工作，就是主动争取做得更多，承担更多的责任。责任是一种精神，责任即荣誉。责任来自哪里？责任来自于对集体的珍惜和热爱，来自于对集体每个成员的负责，来自于对自我的一种认定，来自于生命对自身不断超越的渴求——责任是人性的升华。

为荣誉而工作，就是自动自发，最完美地履行你的职责，让努力成为一种习惯。为荣誉而工作，就是全力以赴，满腔热情地做事。为荣誉而工作，就是为团队分担忧虑，减轻压力，给上司以支持，给同事以帮助。为荣誉而工作，就是替他人着想，把自己最优异的工作成果奉献给社会。为荣誉而工作，就是展示你的才华，展示你的无私和无畏，展示你迷人的工作形象。

荣誉感是一个人价值观的体现，如果一个人能为自己的荣誉感而工作、学习，那么他的人生将充满成功的机遇。

来自剑桥的情商秘密

剑桥大学极为重视培养学生的荣誉感，几百年流传下的毕业典礼传统，让许多人都不由得发出这样的感慨：“只为了剑桥大学毕业典礼，就值得来剑桥读一个学位。”剑桥大学毕业典礼当天的着装要求，就极为正式。最重要的学袍和帽兜都有严格的规定——

法学硕士：黑色布料配较浅的樱桃色丝绸

工程硕士：黑色布料配青铜色的丝绸

理科硕士：黑色丝绸配红色或者浅蓝色丝绸

兽医学士：樱桃色丝绸配较多的软毛

音乐学士：较深的樱桃色绸缎配白色软毛

文科学士：黑色布料配白色软毛

教育学士：黑色布料配蓝色丝绸加白色软毛

神学学士：黑色布料配黑色丝绸加白色软毛

学袍也分为两种：一种是本科学袍，统一要求长度过膝，但每个学院的设计略有不同；另一种是研究生学袍，规定年满 24 岁才能穿，不到 24 岁的研究生还是得穿本科学袍。此外，毕业生必须要跪着按照三位一体的宗教礼仪（Trinitarian Formula）接受学位。

剑桥大学毕业典礼如此隆重，好似一场华丽的宴席散场前的高潮，或许在外人看来，这有些多余，但剑桥几百年的传统形成了一个不成文的“荣誉规则”，让学生们能真正体会到什么是荣誉：在一个充满荣誉感的学校里，体现你的价值观，对荣誉感的珍视能给人以无穷的上进的动力，而这也是剑桥为何能培育出那么多伟大人物的真正原因。

剑桥考考你

▼

个人荣誉感是一种怎样的感受？那种内心里是骄傲、感动，还是成就感？

答：你认为自己是什么样的人，你觉得自己应该怎样活着？你的结论，你的底线，就是你的荣誉感。

/ 第 3 节 /

放弃对社会的责任，就意味着你的存在失去了价值

剑桥箴言

世界一流大学的标准之一，应承担服务社会的重要责任。我们不应该待在美丽的校园里，与世隔绝，不关心社会的发展和变化，相反我们应该为社会做出贡献。

一个人良好的操行，集中在平凡的职责范围内。任何人都有追求荣誉的天性，任何人都希望实现人生的最大价值。要把这种意愿变成现实，履行责任是唯一的途径。歌德说："你要欣赏自己的价值，就得给世界增加价值。尽力履行你的职责，那你就会立刻知道你的价值。"

一个人，只有尽到对父母的责任，才能是好子女；尽到对国家的责任，才能是好公民；尽到对下属的责任，才能是好领导。履行责任的标准越高，其人生价值就可能越大。更重要的是：每一个人都应认识到自己的责任，履行自己的责任，这样他才能使自己有限的人生有意义。因此，一切美德的最大魅力，就在于它是否最大限度地为公众服务，并满足公众的需要，这样的美德才崇高、永恒和持久。

剑桥大学国王学院的毕业生鲁珀特·布鲁克一直向往平静的田园生活，为了避开闹哄哄的社交生活，他特意搬出剑桥大学，结果却事与愿违。

年轻有为且富有超凡魅力的布鲁克，招徕了不断的客流，最终以他为中心，形成了一个固定的朋友圈，即著名的“格兰切斯特小组”。他们是：诗人鲁珀特·布鲁克，哲学家罗素和维特根斯坦，小说家福斯特和弗吉尼亚·伍尔夫，经济学家凯恩斯和画家奥古斯塔斯·约翰。当时，自滑铁卢之战以来，在将近 100 年的时间里，欧洲一直处于相对和平的状态。在这样一个田园诗般的时期里，人们无忧无虑，充满了乐观精神。他们常常远足郊外，露宿乡野，品茶尝鲜，谈今论古，各种新思想、新观点层出不穷。

直到 1914 年，平静的生活因第一次世界大战爆发而被打破。当时还在欧洲旅行的鲁珀特·布鲁克立即回到自己的祖国，和一万多名剑桥在校师生做出同样的选择：参战。布鲁克在被温斯顿·丘吉尔接见后参加了英国皇家海军志愿预备队。1915 年 3 月，他登上了前往加利波利的一艘运输船。不幸的是，他从此一去不返。上船后他患上败血症，于 1915 年 4 月 23 日死于血中毒病，年仅 28 岁。在此前的几个月里，他曾写下一首题名《士兵》的诗，其中最著名的诗句便是“假如我死去，只需这样想着我：在异域有着某个角落，它永远属于英格兰”。诗人在此表达的意思是，他是英国的好儿子。他埋骨所在的异国土地，也就永远标志着英国的光荣。

对责任感的推崇，绝非限于军人，富有强烈责任感的人都受到全社会的尊重。马拉松比赛的设立，就是为了纪念以生命捍卫责任的希腊士兵菲迪皮德斯，也为了激励那些勇于承担责任、坚持完成任务的人。

天赋责任，所以我们没有理由推卸。对责任的推卸，只能是对我们所爱的人的一种伤害。坚守责任，则是守住生命最高的价值，守住人性的伟大和光辉。

一个人可能设法逃避承担责任，他可能会侥幸地躲过社会法则的惩罚，但他最终很难逃过道德法则和心灵法则对他的惩罚。正是责任，让我们在困难时能够坚持，让我们在成功时保持冷静，让我们在绝望时懂得不放弃，因为我们的努力和坚持不仅仅为了自己，还因为别人。社会学家戴维斯说：“放弃了自己对社会的责任，就意味着放弃了自身在这个社会中更好生存的机会。”放弃承担责任，或者蔑视自身的责任，这就等于在可以自由通行的路上自设路障，摔跤绊倒的也只能是自己。

来自剑桥的情商秘密

剑桥大学时常引导学生关注世界风云与国家命运，增强他们的社会责任感。由此可见，贵族品行的核心绝不是绅士的风度或者高贵的礼仪，而是深深的社会责任感，为公众服务，才是贵族品行的本质。长大成人，是每个人都要经历的过程。作为一个成熟的人，他在继承和享有人类全部文明的同时，也承负着与生俱来的责任。

出海的船长应对船只安全行驶、如期抵达目的港负责，边防哨兵要对警戒的边防线负责，父母应对自己孩子的成长教养负责，子女应对父母的晚年负责……人生总是不停地处在某种具体的角色或职位。该角色或该职位都赋予某些特定的要求，当人处在该角色或职位时，他就应努力满足相应的要求。这些社会角色或职位的要求就是人的责任。

剑桥考考你

▼

你有责任感吗？做做下面这个测试，用“是”和“否”回答：

1. 与人约会，你通常准时赴约吗？

2. 你认为自己可靠吗？

3. 你会因未雨绸缪而进行储蓄吗?

4. 发现朋友犯法，你会通知警察吗?

5. 出外旅行，找不到垃圾桶时，你会把垃圾带回家吗?

6. 你经常运动以保持健康吗?

7. 你忌吃垃圾食物、脂肪性过高或其他有害健康的食物吗?

8. 你永远将正事列为优先，再做其他休闲吗?

9. 你从来没有放弃过任何服务他人的机会吗?

10. 收到别人的信，你总会在一两天内就回信吗?

11. “既然决定做一件事情，就要把它做好。”你相信这句话吗?

12. 与人相约，你从来不会耽误，即使自己生病时也不例外吗?

13. 你曾经违反学校里的规定了吗?

14. 你经常拖延作业吗?

15. 小时候，你经常帮忙做家务吗?

测试说明：

选择“是”得 1 分，选择“否”为 0 分。

10—15 分。你是个非常有责任感的人。你行事谨慎、懂礼貌、为人可靠，并且相当诚实。

3—9 分。大多数情况下，你都很有责任感，只是偶尔有些率性而为，没有考虑得很周到。

0—2 分。你是个完全不负责任的人。

/ 第 4 节 /

人与人之间最小的差别是能力，最大的差别是勇气

剑桥箴言

天才是靠勇气去实践的才能。

关于勇气，有很多种。有的令人敬畏，有的平平常常。不是一定要做非常伟大的事情，才是勇气，一些看似平平常常的事，于我们个人而言已是勇气的反应。放下手上的事，来一场说走就走的旅行，这就是勇气；老是唱跑调的你，在 KTV 里拿起话筒高歌一曲，这就是勇气；与朋友闹僵，主动开口道歉，这就是勇气。

勇气在不同的情况下，含义亦不尽相同。但是，我们如果想生活的充实，对世界有所影响，并追求自己的梦想，勇气仍旧是我们所需要的真正力量。是否有勇气坚守或实践自身的价值立场，是衡量一个人精神品质的重要指标。

对于勇气的问题，维特根斯坦有过较多的讨论。在多数情况下，人往往是怯懦的。维特根斯坦认为，“天才是靠勇气去实践的才能。”没有勇气，甚至无所谓天才。

勇气永远与担当联系在一起。回溯 20 世纪三四十年代的英国历史，人们津津乐道的是爱德华八世“不爱江山爱美人”的浪漫故事。然而，

他的继任者，从小怯懦，患有严重口吃的弟弟艾伯特王子，也就是后来的乔治六世的故事，却鲜为人知。电影《国王的演讲》就取材于这段真实的历史。

由于艾伯特王子拥有一个优秀的哥哥，自小害羞，患有严重口吃的他并没有继承王位的可能，他和妻子在远离公众的平静生活中逍遥度日。没有对自我的自信与肯定，艾伯特王子无法认同大家所说的他的能力和个性远胜于哥哥，更适合王位的建议；由于对自我习惯的否定，让他根本无法开口顺利说出一句话语。他将自己定位为只能辅佐哥哥王位的助手，定位为好父亲好丈夫的平凡人。直至哥哥爱德华宣布让出王位，日益增加的公共责任落到了艾伯特王子的身上，也因此，开始了与口吃的艰难抗争。

然而，艾伯特王子无法摆脱的不仅仅是口吃，而是他没有胆量负担的那份责任。口吃的毛病几乎限制了艾伯特的一切，他无法赢得父亲更多的爱，无法跟哥哥自由地对话，这一切导致了他越来越严重的自卑，而这自卑也是他坏脾气的引子，如此的恶性循环。一个结巴要成为整个国家的领导者，他有这个能力吗？面对来自举国上下的怀疑目光，乔治六世没有退路，只能勇往直前，他也必须勇往直前。

乔治六世的口吃，并没有得到彻底的治愈。不过，这已经没有必要了，因为他已经打败了盘踞在他心底已久的敌人——自卑感。更难能可贵的是，他克服自卑的勇气。正因为此，乔治六世成为是一个真正的王者。乔治六世之所以能克服他的口吃缺陷，克服在公众演讲的心理障碍，不仅在于他有着勇敢坚毅的个性，还在于他对自己身份与责任的重新认识，这绝不是一次简单的心理较量，更是精神在巨大压力之下，勇于挑战、勇于承担的勇气。

精神是勇气的最高境界。勇气是不限人的，不论你是谁，只要你能够勇于面对自己，坦然面对生活，不惧、不恐、不惊，坦然工作，淡定生活，你便是一个有勇气的人，而你表现出的精神，就是勇气！

要想在人生取得成功，成就一番事业，就要有勇气，要敢于承担责任。拥有了高境界的勇气，精神才会有支柱，行动才会有目标，追求才会有信心，它将冲破现实中一切困难和挫折，去攀登人生最高峰，实现人生的价值和辉煌。

来自剑桥的情商秘密

让自己富有勇气，并不简单，当你做到这些时，你会发现一个全新的自己。

1. 不要轻易给自己贴标签。许多人都无形之中给自己贴上这样那样的标签，如“我是一个恐惧的人”“我是一个不敢在大庭广众之下讲话的人”“我不适合做某某事”等等。实际上，这些标签仅仅是来自过去或现在的某些表现，一旦内化成我们自身的一部分，它便开始操控我们。

2. 养成一种立即行动的习惯。你越是频繁地练习使用勇气，就会拥有更多的勇气。面对威胁和挑战时，一旦采取行动成为习惯，你就会向解决问题的方向迈进。

3. 列一份勇气清单。每当你超出自己想象并成功采取行动时，都要记录下来。当你面对这份不断增加长度的勇气清单时，你就会发现所有成功做的事情其实都遵循同样的模式。

剑桥考考你

▼

到目前为止，你人生中最失败的经历是什么？

分析：了解你的胆量和勇气，是否陷入了选择性知觉的陷阱，是否进行了深刻的反省，是否接受了深刻的教训。作为应聘者你不宜说自己没有失败的经历；宜说明失败之前自己曾信心百倍、尽心尽力；明确说明失败是主要由主观原因导致的；失败后自己曾做了深刻的反省，很快振作起来，以更加饱满的热情面对以后的学习或工作。

/ 第 5 节 /

忠诚是让你
成为人才的第一竞争力

剑桥箴言

你若想证实你的坚贞，首先证实你的忠诚。

在中世纪，那些能被称之为骑士的人，首先具备的品质便是忠诚，他们必须做到对自己诚实，对他人诚实，对一切忠诚。在他们眼里，忠诚是不谈条件的，不求回报的；忠诚是一种义务，也是一种责任，更是一种操守。正因为此，这些骑士精神在今天也获得了人们的颂扬与尊重。

忠诚是对一个人的最深度的评价。恋人对于爱情，需要忠诚；朋友对于友谊，需要忠诚；员工对于企业，需要忠诚；甚至自己对自己也需要忠诚。真正的忠诚是一种发自内心的情感。这种情感如同对亲人的情感、对恋人的情感那么真挚。对祖国忠诚，是因为你热爱祖国；对企业忠诚，是因为你热爱企业；对老板忠诚，是因为你对老板心存感恩；对同学忠诚，是因为你发自内心信任你的同学。莎士比亚说："忠诚你的所爱，你就会得到忠诚的爱。"恺撒大帝说："我忠诚我的臣民，因为我的臣民对我忠诚。"忠诚是相互的。

忠诚是衡量一个人是否具有良好职业道德的前提和基础，忠诚的人，总是能得到人们永恒的敬意与由衷的喜爱。忠诚于自己的公司，忠诚于自己的老板，与同事们同舟共济，荣辱与共，将获得一种集体的力量，事业就会变得更有成就感，工作就会成为一种人生享受，人生就会变得更加饱满。一个丧失了忠诚的人，不仅丧失了机会、丧失了做人的尊严，更丧失了立足之本。即使是那些从你身上获取好处的人，最终也会鄙视你、远离你、抛弃你。只有忠诚的人，周围的人才会接近你、信任你、承认你。

来自剑桥的情商秘密

剑桥大学标志的设计采用尊贵的宝石蓝为主要色彩，而宝石蓝就象征着忠诚、坚贞、慈爱和诚实，这些将剑桥大学的办学理念以及校风完美体现出来。剑桥大学将学生培养成绅士的教育理想有着悠久的历史，这里的教师大都表现出“双重忠诚”的特点，对自己供职院校的忠诚和自己所从事的学科专业的忠诚。不仅如此，他们还极为重视培养学生的忠诚度。

检验一个人是否忠诚，主要看他能否接受组织的目标和组织的共同价值观；是否渴望成为组织中的一分子，并以此为荣；最后就看他是否愿意为组织付出更多努力与感情,即使在组织面临困难时也能不离不弃，共渡难关。

当然，真正的忠诚不仅仅是忠诚于组织，而是对生活，对自己的忠诚。只有忠诚的人才会用心去做一番大事，他们会把自己的想法和观念加入到事业之中去。只有忠诚的人才能在自己的未来的生涯中一直保持着负责的态度。忠诚的人不管自己从事什么样的行业，就职哪家公司，他们都对现有的工作保持责任感。他们能冷静地对待自己的行为，把每段时光都作为自己终生事业的一部分。

剑桥考考你

▼

你的忠诚指数是多少？下面的描述中，请选择一个符合你的答案。其中：

A= 非常同意　B= 比较同意　C= 不一定

D= 比较不同意　E= 非常不同意

1. 你小时候经常有离家出走的想法
2. 你总觉得别人比你生活得更自在
3. 你总感觉自己压力比较大，而别人总是轻松洒脱
4. 如果是对自己不利，就会泄露机密
5. 有些人的贪污是情有可原的
6. 你认为，大多数的富人都与不义之财有关
7. 因为他对你不怎么好，所以你可能会背叛他
8. 你总爱说别人的坏话
9. 只要说谎没有造成太大的损失，也是可以原谅的
10. 你常常掩饰自己的缺点
11. 你从来都不做对自己没有利益的事情
12. 你觉得自己很难抵挡别人的诱惑

测试说明：

选 A 得 1 分　选 B 得 2 分　选 C 得 3 分　选 D 得 4 分　选 E 得 5 分

本测试，满分为 60 分，将自己的总得分除以 6，即可得出你的忠诚指数，忠诚指数在 2–10 之间，忠诚指数越大证明你的忠诚品质越高。

/ 第 6 节 /

生活，
即是不断地学习谦逊

剑桥箴言

谦逊为一切美德的皇冠，因为它将自觉的纪律、天职、义务以及意志的自由和谐地融会到一起。

英国小说家詹姆斯·巴利曾说："生活，即是不断地学习谦逊。"谦逊具有平衡作用，不让我们凌驾于别人之上，也不让自我状态劣于自己的实际水平。谦逊并非自我贬低、自我否定，而是一种不显山不露水的自我肯定，相信自己为人的正直与尊严。谦逊是成功与失败的融合，它使我们对于过去的失败有所警惕，对于现在的成功有所感念。

弗雷德里克·桑格被科学界称为"基因学之父"，是 20 世纪世界上最伟大的科学家之一。他是第四位两次获得诺贝尔奖的科学家，也是唯一两获诺贝尔化学奖的科学家。1986 年，桑格获得了由英国女王颁发的"功绩勋章"。在英国，这被认为是最高荣誉，获此荣誉的人包括君王自己。出人意料，在获得英国最高荣誉的同时，这位"人类基因学之父"拒绝了女王陛下的封爵，因为不喜欢别人称自己为"老爷"。至于自己被各种奖章和荣誉填满的职业生涯，桑格谦逊地总结说："我只是个一辈子在实验室里瞎胡混的家伙。"

在回顾工作经历时，桑格发现，从 1940 年开始读博士到 1983 年退休，自己可以说“一直在实验室里”。就连被剑桥大学国王学院选为名誉研究员，也没能让他离开。

在桑格看来，虽然自己一辈子都待在实验室里，却几乎没有遇到灵光一闪，就发现重大科学成果的时刻。“即使能够回忆起实验室里发生的激动人心的时刻，也都是一些很小的进步”。面对前来拜访的人，他不止一次被问及是否是天才，回答总是尴尬的一笑，“呃，我想应该不是。”

虽然两次获得诺贝尔奖的研究被评价为“改变了世界，也改变了今后研究的方向”，但对于桑格的生活来说，并没有太大的改变。在他位于剑桥郡一个安静村庄的家里，墙上没有悬挂任何纪念牌匾或证书，壁炉上也没有摆放一张嘉奖状，甚至，这个装饰简陋的家中，连奖章都难觅踪迹。为此，桑格说：“得到这些奖牌我很高兴，但我更为我的研究而自豪。你知道，现在许多人搞科学就是为了得奖，但这不是我的出发点。”

谦逊，谦出自信，逊出自我。谦逊与成功为邻，自信和成功相伴。谦逊实际上也是一种自信的表现，一种自我的表达。浅薄的人总以为下地上天无所不知，而富有智慧的哲人才深感学海无涯，自己永远是个学子。谦逊标志着一个人的品性，它往往能让人们从一件不经意的小事上体会出一个人的伟大与渺小，以及他所具有的能量。真正伟大的人物创造历史，但并不会觉得自己伟大。弗雷德里克·桑格，这位来自剑桥大学的诺贝尔奖获得者就是最好的证明。

夸耀自己比别人更优越、更富裕、更明智，这不是聪明、有礼的人所做的事。他们不会因为自己高贵显赫的社会地位就看不起别人。他们一向都是温文尔雅、彬彬有礼，他们是懂得谦逊的人。谦逊使我们有修养、有气质、有学问、有魅力，有自尊、有魄力、有胆略、有成就，谦逊也让我们的生活更平和，我们的人生更精彩。

来自剑桥的情商秘密

谦逊的态度，对我们的重要性不言而喻，时刻保持谦逊的心态，性格也不会急躁，更能得到他人的信任。首先心情要平和、冷静。切勿有点小成就后，便得意忘形。在别人说错时，我们不要急于体现自己的智慧，抓住别人的错误不放，只会被别人永远仇视。即使要提醒，也尽可能地委婉一些，给人一个台阶下，别人心底也会感激，否则就会四处树敌。

谦逊者之所以睿智，定是脑力劳动上的最大思考者，而且是一种需要非常实际、非常清醒、非常认真的劳动，而这一切又构成谦逊的品德——谦逊好像是天平，人用它可以测出自己的分量。但现实中的傲慢却具有很大的危险性——这是现代人常见的通病，它往往表现在：把对于某种复杂事物的模糊的、肤浅的、表面的印象当作知识，甚至过于以个人的主观来处理事务，这也是可悲的。

做一个谦逊的人——就是说要做一个对别人的微小缺点宽宏大量的人，假如这些缺点并不能对社会构成危险的话，你一定要学会谦让、大度，因此，一个自以为是的人永远也不会得到人们的尊敬和爱戴。

剑桥考考你

▼

你的智商高于 130 吗?

答：如果你的回答是“是”，这可能是一个最差的答案。

分析：该问题是谷歌公司面试新员工的问题，谷歌希望得到的人才具备“知性谦虚”，即能意识到个人在知识方面的缺陷。聪明人往往认为，成功是因为自己聪明，失败则是因为有蠢材搞破坏。事实却不是如此。因此，最好的回答永远是“不”，即便你的智商远远高于 130。